城镇供水行业职业技能培训系列丛书

化学检验员（供水）考试大纲及习题集

Chemistry Testing Technician (Water Supply):
Exam Outline and Exercise

南京水务集团有限公司　主编

中国建筑工业出版社

图书在版编目（CIP）数据

化学检验员（供水）考试大纲及习题集 = Chemistry Testing Technician (Water Supply): Exam Outline and Exercise / 南京水务集团有限公司主编. —北京：中国建筑工业出版社，2021.12
（城镇供水行业职业技能培训系列丛书）
ISBN 978-7-112-26838-2

Ⅰ.①化… Ⅱ.①南… Ⅲ.①城市供水－水质分析－技术培训－考试大纲②城市供水－水质分析－技术培训－习题集 Ⅳ.①TU991.21

中国版本图书馆 CIP 数据核字(2021)第 240272 号

为了更好地贯彻实施《城镇供水行业职业技能标准》CJJ/T 225—2016，并进一步提高供水行业从业人员职业技能，南京水务集团有限公司主编了《城镇供水行业职业技能培训系列丛书》。本书为丛书之一，以化学检验员（供水）岗位应掌握的知识为指导，由考试大纲、习题集和模拟试卷、参考答案等内容组成。

本书可用于城镇供水行业职业技能培训教学使用，也可作为行业职业技能大赛命题的参考依据。

责任编辑：何玮珂 于 莉 杜 洁 李 雪
责任校对：芦欣甜

城镇供水行业职业技能培训系列丛书
化学检验员（供水）考试大纲及习题集
Chemistry Testing Technician (Water Supply): Exam Outline and Exercise
南京水务集团有限公司 主编

*

中国建筑工业出版社出版、发行（北京海淀三里河路9号）
各地新华书店、建筑书店经销
北京红光制版公司制版
北京建筑工业印刷厂印刷

*

开本：787毫米×1092毫米 1/16 印张：11 字数：273千字
2021年12月第一版 2021年12月第一次印刷
定价：38.00元
ISBN 978-7-112-26838-2
(38537)

版权所有 翻印必究
如有印装质量问题，可寄本社图书出版中心退换
（邮政编码 100037）

《城镇供水行业职业技能培训系列丛书》编委会

主　　编：单国平
副 主 编：周克梅
审　　定：许红梅
委　　员：周卫东　周　杨　陈志平　竺稽声　戎大胜　祖振权
　　　　　臧千里　金　陵　王晓军　李晓龙　赵　冬　孙晓杰
　　　　　张荔屏　刘海燕　杨协栋　张绪婷
主编单位：南京水务集团有限公司
参编单位：江苏省城镇供水排水协会

本书编委会

主　　编：陈志平
参　　编：江　帆　尤　为　王　卉　李梦洁　彭　锋

《城镇供水行业职业技能培训系列丛书》
序　　言

　　城镇供水，是保障人民生活和社会发展必不可少的物质基础，是城镇建设的重要组成部分，而供水行业从业人员的职业技能水平又是供水安全和质量的重要保障。1996年，中国城镇供水协会组织编制了《供水行业职业技能标准》，随后又编写了配套培训丛书，对推进城镇供水行业从业人员队伍建设具有重要意义。随着我国城市化进程的加快，居民生活水平不断提升，生态环境保护要求日益提高，城镇供水行业的发展迎来新机遇、面临更大挑战，同时也对行业从业人员提出了更高的要求。我们必须坚持以人为本，不断提高行业从业人员综合素质，以推动供水行业的进步，从而使供水行业能适应整个城市化发展的进程。

　　2007年，根据原建设部修订有关工程建设标准的要求，由南京水务集团有限公司主要承担《城镇供水行业职业技能标准》的编制工作。南京水务集团有限公司，有近百年供水历史，一直秉承"优质供水、奉献社会"的企业精神，职工专业技能培训工作也坚持走在行业前端，多年来为江苏省内供水行业培养专业技术人员数千名。因在供水行业职业技能培训和鉴定方面的突出贡献，南京水务集团有限公司曾多次受省、市级表彰，并于2008年被人社部评为"国家高技能人才培养示范基地"。2012年7月，由南京水务集团有限公司主编，东南大学、南京工业大学等参编的《城镇供水行业职业技能标准》完成编制，并于2016年3月23日由住建部正式批准为行业标准，编号为CJJ/T 225—2016，自2016年10月1日起实施。该《标准》的颁布，引起了行业内广泛关注，国内多家供水公司对《标准》给予了高度评价，并呼吁尽快出版《标准》配套培训教材。

　　为更好地贯彻实施《城镇供水行业职业技能标准》，进一步提高供水行业从业人员职业技能，自2016年12月起，南京水务集团有限公司又启动了《标准》配套培训系列丛书的编写工作。考虑到培训系列教材应对整个供水行业具有适用性，中国城镇供水排水协会对编写工作提出了较为全面且具有针对性的调研建议，也多次组织专家会审，为提升培训教材的准确性和实用性提供技术指导。历经两年时间，通过广泛调查研究，认真总结实践经验，参考国内外先进技术和设备，《标准》配套培训系列丛书终于顺利完成编制，即将陆续出版。

　　该系列丛书围绕《城镇供水行业职业技能标准》中全部工种的职业技能要求展开，结合我国供水行业现状、存在问题及发展趋势，以岗位知识为基础，以岗位技能为主线，坚持理论与生产实际相结合，系统阐述了各工种的专业知识和岗位技能知识，可作为全国供水行业职工岗位技能培训的指导用书，也能作为相关专业人员的参考资料。《城镇供水行业职业技能标准》配套培训教材的出版，可以填补供水行业职业技能鉴定中新工艺、新技术、新设备的应用空白，为提高供水行业从业人员综合素质提供了重要保障，必将对整个供水行业的蓬勃发展起到极大的促进作用。

中国城镇供水排水协会

2018 年 11 月 20 日

《城镇供水行业职业技能培训系列丛书》
前　言

城镇供水行业是城镇公用事业的有机组成部分，对提高居民生活质量、保障社会经济发展起着至关重要的作用，而从业人员的职业技能水平又是城镇供水质量和供水设施安全运行的重要保障。1996年，按照国务院和劳动部先后颁发的《中共中央关于建立社会主义市场经济体制若干规定》和《职业技能鉴定规定》有关建立职业资格标准的要求，建设部颁布了《供水行业职业技能标准》，旨在着力推进供水行业技能型人才的职业培训和资格鉴定工作。通过该标准的实施和相应培训教材的陆续出版，供水行业职业技能鉴定工作日趋完善，行业从业人员的理论知识和实践技能都得到了显著提高。随着国民经济的持续、高速发展，城镇化水平不断提高，科技发展日新月异，供水行业在净水工艺、自动化控制、水质仪表、水泵设备、管道安装及对外服务等方面都发展迅速，企业生产运营管理水平也显著提升，这就使得职业技能培训和鉴定工作逐渐滞后于整个供水行业的发展和需求。因此，为了适应新形势的发展，2007年原建设部制定了《2007年工程建设标准规范制订、修订计划（第一批）》，经有关部门推荐和行业考察，委托南京水务集团有限公司主编《城镇供水行业职业技能标准》，以替代96版《供水行业职业技能标准》。

2007年8月，南京水务集团精心挑选50名具备多年基层工作经验的技术骨干，并联合东南大学、南京工业大学等高校和省住建系统的14位专家学者，成立了《城镇供水行业职业技能标准》编制组。通过实地考察调研和广泛征求意见，编制组于2012年7月完成了《标准》的编制，后根据住房和城乡建设部标准司、人事司及市政给水排水标准化技术委员会等的意见，进行修改完善，并于2015年10月将《标准》中所涉工种与《中华人民共和国执业分类大典》（2015版）进行了协调。2016年3月23日，《城镇供水行业职业技能标准》由住房和城乡建设部正式批准为行业标准，编号为CJJ/T 225—2016，自2016年10月1日起实施。

《标准》颁布后，引起供水行业的广泛关注，不少供水企业针对《标准》的实际应用提出了问题：如何与生产实际密切结合，如何正确理解把握新工艺、新技术，如何准确应对具体计算方法的选择，如何避免因传统观念陷入故障诊断误区，等等。为了配合《城镇供水行业职业技能标准》在全国范围内的顺利实施，2016年12月，南京水务集团启动《城镇供水行业职业技能培训系列丛书》的编写工作。编写组在综合国内供水行业调研成果以及企业内部多年实践经验的基础上，针对目前供水行业理论和工艺、技术的发展趋势，充分考虑职业技能培训的针对性和实用性，历时两年多，完成了《城镇供水行业职业技能培训系列丛书》的编写。

《城镇供水行业职业技能培训系列丛书》一共包含了10个工种，除《中华人民共和国执业分类大典》（2015版）中所涉及的8个工种，即自来水生产工、化学检验员（供水）、供水泵站运行工、水表装修工、供水调度工、供水客户服务员、仪器仪表维修工（供水）、供水管道工之外,还有《大典》中未涉及但在供水行业中较为重要的泵站机电设备维修工、变配电运行工2个工种。

本系列《丛书》在内容设计和编排上具有以下特点:(1)整体分为基础理论与基本知识、专业知识与操作技能、安全生产知识三大部分,各部分占比约为3:6:1;(2)重点介绍国内供水行业主流工艺、技术、设备,对已经过时和应用较少的技术及设备只作简单说明;(3)重点突出岗位专业技能和实际操作,对理论知识只讲应用,不作深入推导;(4)重视信息和计算机技术在各生产岗位的应用,为智慧水务的发展奠定基础。《丛书》既可作为全国供水行业职工岗位技能培训的指导用书,也能作为相关专业人员的参考资料。

《城镇供水行业职业技能培训系列丛书》在编写过程中,得到了中国城镇供水排水协会的指导和帮助,刘志琪秘书长对编写工作提出了全面且具有针对性的调研建议,也多次组织专家会审,为提升培训教材的准确性和实用性提供了技术指导;东南大学张林生教授全程指导丛书编写,对每个分册的参考资料选取、体量结构、理论深度、写作风格等提出大量宝贵的意见,并作为主要审稿人对全书进行数次详尽的审阅;中国生态城市研究院智慧水务中心高雪晴主任协助编写组广泛征集意见,提升教材适用性;深圳水务集团,广州水投集团,长沙水业集团,重庆水务集团,北京市自来水集团、太原供水集团等国内多家供水企业对编写及调研工作提供了大力支持,值此《丛书》付梓之际,编写组一并在此表示最真挚的感谢!

《丛书》编写组水平有限,书中难免存在错误和疏漏,恳请同行专家和广大读者批评指正。

南京水务集团有限公司
2019年1月2日

前　言

本书是《化学检验员（供水）基础知识与专业务实》的配套用书，共由考试大纲、习题集和模拟试卷、参考答案等内容组成。

本书的内容设计和编排有以下特点：1. 考试大纲深入贯彻《城镇供水行业职业技能标准》CJJ/T 225—2016，具备行业权威性；2. 习题集对照《化学检验员（供水）基础知识与专业务实》进行编写，针对性和实用性强；3. 习题内容丰富，形式灵活多样，有利于提高学员学习兴趣；4. 习题集力求循序渐进，由浅入深，整体理论难度适中，重点突出实践，方便教学安排和学员理解掌握。

本书可用于城镇供水行业职业技能培训教学使用，也可作为行业职业技能大赛命题的参考依据和供水从业人员学习的参考资料。

本书在编写过程中得到了多位同行专家和高校老师的热情帮助和支持，特此致谢！由于编者水平有限，不妥与错漏之处在所难免，恳请读者批评指正。

化学检验员（供水）编写组

2021 年 8 月

目 录

第一部分 考试大纲	1
职业技能五级化学检验员（供水）考试大纲	3
职业技能四级化学检验员（供水）考试大纲	5
职业技能三级化学检验员（供水）考试大纲	7
第二部分 习题集	9
第1章 水化学与微生物学基础	11
第2章 给水处理基本工艺	16
第3章 水质检验基础知识	23
第4章 理化分析	43
第5章 仪器分析	51
第6章 微生物检验	69
第7章 水处理剂及涉水产品分析试验	78
第8章 安全生产知识及职业健康	87
化学检验员（供水）（五级 初级工）理论知识试卷	95
化学检验员（供水）（四级 中级工）理论知识试卷	103
化学检验员（供水）（三级 高级工）理论知识试卷	111
化学检验员（供水）（五级 初级工）操作技能试题	119
化学检验员（供水）（四级 中级工）操作技能试题	125
化学检验员（供水）（三级 高级工）操作技能试题	134
第三部分 参考答案	141
第1章 水化学与微生物学基础	143
第2章 给水处理基本工艺	145
第3章 水质检验基础知识	147
第4章 理化分析	150
第5章 仪器分析	153
第6章 微生物检验	157
第7章 水处理剂及涉水产品分析试验	160
第8章 安全生产知识及职业健康	162
化学检验员（供水）（五级 初级工）理论知识试卷参考答案	164
化学检验员（供水）（四级 中级工）理论知识试卷参考答案	165
化学检验员（供水）（三级 高级工）理论知识试卷参考答案	166

第一部分　考试大纲

职业技能五级化学检验员（供水）考试大纲

1. 了解安全生产基本法律法规
2. 熟悉实验室的安全基础知识和检测人员的安全防护知识
3. 能认真执行实验室各项安全管理制度
4. 熟悉水质分析基础知识
5. 了解国家现行标准《生活饮用水卫生标准》GB 5749、《生活饮用水标准检验法》GB/T 5750.1～5750.13 和《城镇供水水质标准检验方法》CJ/T 141 的有关内容和有关涉水产品的技术规范与其他水质标准
6. 熟悉烘箱等辅助设备的使用方法及注意事项
7. 掌握常用玻璃仪器、器皿的性质、分类与用途，正确的使用方法和洗涤方法
8. 掌握天平、酸度计、浊度仪、电导率测定仪、溶解氧测定仪等常用检测设备的工作原理、使用方法、注意事项
9. 掌握容量分析法、目视比色法的基本原理和操作要求
10. 掌握微生物无菌室消毒和无菌操作的基本要求
11. 了解滤料、水处理剂及涉水产品的相关知识
12. 了解加矾量试验的目的、意义，以及混凝沉淀原理，了解加矾量试验的操作方法和要求，掌握加矾量试验设备的基本原理和操作要求
13. 了解需氯量试验的目的、意义，了解消毒剂的种类、消毒原理等相关知识，了解需氯量试验的操作方法和注意事项
14. 熟悉仪器设备维护基本知识
15. 了解仪器设备验收基本知识、仪器期间核查目的及方法
16. 了解仪器设备计量管理的基本知识
17. 掌握有效数字的修约知识
18. 了解检测质量控制基本知识，及实验室对质量控制的要求
19. 了解实验室对仪器设备、检测工作的要求
20. 掌握容量分析、重量分析、感观分析的检测方法与操作规范
21. 能根据采样要求，正确完成采样、储存样品，并做好采样记录与样品标识
22. 能根据不同的分析项目正确选用玻璃器皿，能正确洗涤所用的玻璃器皿
23. 能正确选用实验用水、识别和选用所需试剂，并按标准要求配制试剂和标准溶液
24. 能正确进行样品的前处理操作，包括稀释、离心、沉淀、过滤等操作
25. 能正确进行称量、烘干、灼烧、加热干燥至恒重等操作
26. 能正确进行容量法、重量法、目视比色法检测及微生物检验，以及水质标准中感官指标的检测
27. 能正确使用天平、酸度计、电导率测定仪、溶解氧测定仪、浊度仪、余氯仪、二

氧化氯测定仪、臭氧测定仪等检测仪器，烘箱等辅助设备

  28. 能正确完成 pH、电导率、溶解氧（电化学法）等项目的检测

  29. 能正确完成微生物检验中各类培养基的配制、灭菌、保存等操作

  30. 能在指导下正确进行藻类分析

  31. 能配合完成涉水产品检测

  32. 能正确使用加矾量试验设备，能在指导下完成原水中加矾量试验

  33. 能在指导下完成水中需氯量试验

  34. 能正确维护天平等检测仪器

  35. 能正确维护烘箱等辅助设备

  36. 能在指导下按照要求对所用设备进行期间核查

  37. 能及时发现并参与解决所用设备的简单故障

  38. 能在指导下对所用设备进行验收

  39. 能正确识别实验室计量器具的设备标识

  40. 能正确使用消防器材

  41. 能安全使用电气设备、化学试剂、压力容器

  42. 在指导下，能正确处理各类有毒有害废液、废渣

  43. 能完成实验室内部质控，在指导下完成实验室间比对

  44. 能认真执行实验室仪器设备操作规程，正确填写各类仪器设备管理、使用记录

  45. 能认真执行水质检测项目的方法，正确填写检测项目的记录

职业技能四级化学检验员（供水）考试大纲

1. 掌握化学实验室意外事故的处理方法和急救知识
2. 熟悉安全生产基本常识及常见安全生产防护用品的功用
3. 熟悉安全生产基本法律法规
4. 掌握水质分析基础知识
5. 掌握国家现行标准《生活饮用水卫生标准》GB 5749、《生活饮用水标准检验方法》GB/T 5750.1～5750.13 和《城镇供水水质标准检验方法》CJ/T 141 的有关内容和有关涉水产品的技术规范与其他水质标准
6. 掌握常用实验用水的制备方法
7. 了解常用试剂精制或提纯技术
8. 掌握对样品进行前处理，包括蒸馏、液-液萃取、消解等方面的知识
9. 掌握溶液标定的有关知识
10. 掌握分光光度计、生物显微镜、高压灭菌器的工作原理、操作方法及注意事项
11. 掌握微生物分析中培养、分离、接种、复发酵、染色等相关知识
12. 掌握滤料、水处理剂及涉水产品的相关知识
13. 熟悉极限数值表示方法及判定方法、分析数据的取舍和标准曲线的绘制与运用
14. 掌握常用分析误差的计算、表示方法
15. 掌握分光光度计、生物显微镜、高压灭菌器等仪器的基本结构、使用要求和维护知识
16. 熟悉仪器期间核查有关知识
17. 了解仪器设备验收基本知识
18. 了解计量器具管理知识
19. 熟悉实验室间比对的相关知识
20. 熟悉有关仪器设备操作规程、有关检测记录、仪器使用记录的编写知识
21. 熟悉实验室管理的有关内容、了解资质认定/实验室认可等有关内容
22. 掌握分光光度法、电化学法的检测方法标准与操作规范
23. 掌握常用的水质检测预处理方法
24. 能根据采样计划，正确准备采样容器、能初步判断样品是否满足检测要求
25. 根据不同的分析项目正确选用玻璃器皿
26. 能制备常用实验用水
27. 能根据检测项目需要，精制或提纯所用试剂
28. 能按检测要求正确准备分光光度计等检测设备
29. 能按标准方法要求，正确对样品进行前处理，包括蒸馏、萃取、消解等操作
30. 能正确标定标准溶液

31. 能正确使用分光光度计、测汞仪、测油仪、生物显微镜、高压灭菌器
32. 能正确完成分光光度法项目的测定，以及用测汞仪、测油仪完成汞和石油的测定
33. 能根据标准方法要求，正确完成微生物检验中培养、分离、接种、复发酵、染色等操作
34. 能正确完成总大肠菌群、耐热大肠菌群、大肠埃希氏菌、藻类等微生物指标检测
35. 在指导下能完成涉水产品检测，正确完成原水中加矾量试验、需氯量试验
36. 能正确使用数理统计方法对可疑数据进行判断取舍
37. 能判断标准曲线的线性关系和检测结果的精密度
38. 能正确维护分光光度计等常规分析仪器
39. 能按照要求对所用设备进行期间核查
40. 能初步判断故障类型，解决所用设备的常见故障
41. 能在指导下对所用设备进行验收
42. 能对突发的安全事故采取适当措施，进行人员急救和事故处理
43. 能完成实验室间比对
44. 能在指导下编写所用仪器设备的操作规程、仪器使用记录、及相关项目的检测记录
45. 掌握水处理工艺流程的基本知识及本单位净水工艺流程中各质量控制点的控制要求
46. 能根据生产需要参与改善水质和新工艺、新技术的生产性试验

职业技能三级化学检验员（供水）考试大纲

1. 掌握化学实验室意外事故的处理方法和急救知识
2. 掌握有关废弃物、易制毒、易制爆等相关安全管理规定
3. 掌握净水处理工艺知识
4. 掌握国家现行标准《生活饮用水标准检验法》GB/T 5750.1～5750.13、《城镇供水水质标准检验方法》CJ/T 141 的有关内容、各类样品的性能与检测要求
5. 掌握浓缩仪、固相萃取仪等仪器的工作原理及操作方法
6. 掌握原子吸收分光光度计、气相色谱仪的工作原理、基本结构、操作方法和维护要求
7. 熟悉离子色谱仪、原子荧光分析仪、放射性测量仪、TOC 测定仪、流动注射分析仪等仪器的工作原理、基本结构、操作方法和维护要求
8. 掌握贾第鞭毛虫和隐孢子虫检验方法与仪器设备
9. 熟悉常用水质在线监测仪表的工作原理、基本结构、操作方法和维护要求
10. 掌握计量器具管理知识
11. 掌握仪器期间核查有关知识
12. 掌握仪器常见故障的排除方法
13. 了解有关检测误差理论，测定不确定度知识
14. 掌握实验室内部质量控制的方法
15. 掌握组织开展实验室间比对的基本要求
16. 熟悉实验室管理及资质认定/实验室认可等有关内容
17. 熟悉仪器设备操作规程、检测作业指导书、质量记录、技术记录的编写要求
18. 掌握检测报告的编制、审批要求
19. 了解传授技艺与技能的方法
20. 能根据检测工作的需要制订采样计划/方案
21. 能正确解答和处置样品在保存和流转环节的疑难问题
22. 能组装复杂、特殊的成套玻璃器具
23. 能正确制备特殊实验用水
24. 能正确使用浓缩仪、固相萃取仪等前处理装置处理样品
25. 能正确使用原子吸收分光光度计、气相色谱仪
26. 能熟悉离子色谱仪、放射性测定仪、流动注射分析仪、原子荧光分析仪、TOC 测定仪的使用
27. 能正确维护原子吸收分光光度计、气相色谱仪等大型分析仪器，并判断和解决设备故障
28. 能按照要求对所用设备进行期间核查，根据核查结果判断仪器状况

29. 能按计量管理的要求，管理实验室计量器具
30. 能熟悉常用水质在线监测仪表的使用
31. 能独立完成用原子吸收光谱法、气相色谱法测定水样
32. 能正确用离子色谱法、流动注射分析法、原子荧光法、放射性测定方法等测定水样
33. 能正确完成贾第鞭毛虫、隐孢子虫的检测
34. 能结合生产需要，完成常见涉水产品的检测
35. 能根据原水水质状况，结合生产实际，编制烧杯搅拌试验的方案
36. 能正确分析检测误差产生的原因，并加以控制
37. 能正确评定测量不确定度
38. 能组织内部质控与实验室间比对
39. 能对原子吸收、气相色谱等标准方法进行方法验证
40. 能对所用设备进行验收，并对主要技术参数进行测定
41. 能规范编写检测报表或检测报告格式
42. 能指导其他人员编写仪器设备操作规程、检测作业指导书、质量记录、技术记录
43. 能具有初步评价水质与净水药剂、净水构筑物关系的能力
44. 能根据水处理中出现的异常情况，提出相应对策，配合生产技术人员解决问题
45. 能正确完整地示范相关检测过程
46. 能向五级、四级化学检验员传授与其工作内容相关的专业知识

第二部分 习题集

第1章 水化学与微生物学基础

一、单选题

1. 自然界中的物质一般以气、液、固三种相态存在，三种相态相互接触时，常把与（　　）接触的界面称为表面。
   A 任意两相　　　B 气体　　　C 液体　　　D 固体
2. 将玻璃毛细管插入水银内，可观察到水银在毛细管内（　　）的现象。
   A 上升　　　B 下降　　　C 先上升，后下降　　　D 先下降，后上升
3. 分散性粒子大小为（　　）nm的分散系统叫作胶体分散系统。
   A ＜1　　　B 1～10　　　C 10～100　　　D 1～1000
4. 在暗室里，将一束经聚集的光线投射到溶胶上，在与入射光垂直的方向上可观察到一个发亮的光锥，被称为（　　），可用于鉴别溶胶与真溶液。
   A 布朗运动　　　B 电泳现象　　　C 丁铎尔效应　　　D 沉降现象
5. 溶胶产生丁铎尔效应的实质是光的（　　）。
   A 反射　　　B 折射　　　C 衍射　　　D 散射
6. 分散介质中溶胶粒子永不停息、无规则的运动称为（　　）。
   A 布朗运动　　　B 电泳现象　　　C 丁铎尔效应　　　D 沉降现象
7. 在外电场的作用下，溶胶粒子会发生电泳现象，这说明溶胶粒子是（　　）的。
   A 不稳定　　　B 带电　　　C 运动　　　D 分散
8. 多相分散系统中的粒子受（　　）作用而下沉的过程称为沉降。
   A 重力　　　B 热运动　　　C 分散　　　D 不均匀运动
9. 多相分散系统中的粒子，当（　　）时，重力作用和扩散作用相近时，构成沉降平衡。
   A 粒子很小　　　　　　　B 粒子较大
   C 粒子大小相当　　　　　D 粒子大小相差很大
10. 在氧化还原反应中得到电子的物质称为（　　）。
    A 还原剂　　　B 氧化剂　　　C 氧化产物　　　D 还原产物
11. 氧化还原电对的氧化态和还原态的离子浓度各为（　　）mol/L时，所测得的电势为该物质的标准氧化势 E_0。
    A 1　　　B 2　　　C 3　　　D 4
12. 氧化还原反应的方向和反应的完全程度由各氧化剂和还原剂两电对的（　　）差别来决定。
    A 电位　　　B 标准氧化势　　　C 氧化势　　　D 电子转移数
13. 在氧化还原反应中，经常利用催化剂来（　　）反应速率。

A 加快　　　　　B 减慢　　　　　C 干扰　　　　　D 改变

14. 锌-铜原电池中，锌极为（　　），发生还原反应。
①正极；②负极；③阳极；④阴极
A ①③　　　　　B ①④　　　　　C ②③　　　　　D ②④

15. 原电池的阳极和阴极是根据（　　）确定的。
A 电流方向　　　B 电极反应的性质　C 氧化势大小　　D 转移电子的数量

16. 在电化学分析中，饱和甘汞电极属于（　　）。
A 金属电极　　　B 离子选择电极　　C 指示电极　　　D 参比电极

17. 在温度、压力一定的实验条件下，电极电位准确已知，且不随待测溶液的组成改变而改变的电极称作（　　）。
A 金属电极　　　B 离子选择性电极　C 玻璃电极　　　D 参比电极

18. 电位滴定法通过测定原电池（　　）的变化来确定滴定终点，可分为直接电位法和电位滴定法。
A 电流　　　　　B 电动势　　　　　C 电阻　　　　　D 电导

19. 玻璃电极法测定水中pH，使用了（　　）。
A 电位分析法　　B 电导分析法　　　C 伏安分析法　　D 库仑分析法

20. 水中电导率的测定使用了（　　）。
A 直接电导法　　B 间接电导法　　　C 直接电位法　　D 伏安分析法

21. 电化学分析法中，（　　）是通过电解过程中所消耗的电量来进行定量分析的方法。
A 电位分析法　　B 电导分析法　　　C 伏安分析法　　D 库伦分析法

22. 伏安分析法又称极谱分析法，是根据被测物质在电解过程中的（　　）变化曲线，来进行定性或定量分析的一种电化学分析法。
A 电流-电导　　 B 电流-电阻　　　 C 电压-电导　　 D 电流-电压

23. 在净水工艺中，滤池中参与水处理的细菌以（　　）作用为主。
A 发酵　　　　　B 呼吸　　　　　　C 吸收　　　　　D 代谢

24. 细菌的特殊结构是（　　）。
A 细胞壁　　　　B 细胞膜　　　　　C DNA　　　　　D 菌毛

25. 深度处理的生物活性炭技术是利用细菌通过（　　）作用完成对水体微量有机物的去除。
A 吸附　　　　　B 化学　　　　　　C 降解　　　　　D 分裂

26. 微生物的重要特征之一是（　　）。
A 吸收少、转化慢　　　　　　　　　B 适应性差，难变异
C 分布广泛、种类多　　　　　　　　D 比表面积小、繁殖慢

27. 大肠杆菌在适宜条件下，（　　）min左右可以繁殖一代。
A 5　　　　　　 B 10　　　　　　　C 20　　　　　　D 30

28. 在净水工艺中，当滤池中用来净化水体中的有机物或无机物的菌群处于（　　）时，其生物降解作用最强。
A 迟缓期　　　　B 对数增长期　　　C 稳定生长期　　D 衰亡期

29. 莫诺方程描述了微生物增殖速度与（　　）之间的函数关系。
   A 微生物浓度   B 有机底物的种类   C 微生物种类   D 有机底物浓度
30. 在水处理消毒环节，下列微生物种类中（　　）对消毒剂抵抗力最强
   A 总大肠菌群   B 隐孢子虫
   C 产气荚膜梭菌芽孢   D 肠球菌
31. 自然界中（　　）常分布于水和土壤，可通过供水系统带入，引起人类肺炎型与非肺炎型感染。
   A 军团菌   B 隐孢子虫   C 产气荚膜梭菌   D 肠球菌
32. 关于产气荚膜梭菌在水处理上的卫生学意义，下列说法错误的是（　　）。
   A 对于消毒有较强的抵抗力   B 其芽孢可以用于过滤效果评价
   C 可作为粪便陈旧污染的指示菌   D 对抗极端 pH 能力较差

二、多选题

1. 拉普拉斯方程表明弯曲液面的附加压力与（　　）。
   A 液体表面张力成正比   B 液体表面张力成反比
   C 曲率半径成正比   D 曲率半径成反比
   E 液体密度成反比
2. 溶液的表面张力与（　　）有关。
   A 温度   B 溶液的体积
   C 压力   D 溶质组成
   E 溶液的表面积
3. 关于溶液表面的吸附，下列说法正确的有（　　）。
   A 溶质在溶液表面层（或表面相）中的浓度与在溶液本体（或体相）中浓度不同
   B 当在溶剂中加入某种物质后，使得其在溶液表面的浓度高于溶液本体浓度，这种现象称为正吸附
   C 表面活性剂能使液体表面张力增大
   D 表面惰性剂能使溶液表面张力升高
   E 表面活性剂能使溶液表面张力升高
4. 根据分散相粒子的大小，分散系统可分为（　　）。
   A 真溶液   B 胶体分散系统
   C 憎液溶胶   D 亲液溶胶
   E 粗分散系统
5. 一般来说，胶体分散系统可分为（　　）。
   A 溶胶   B 高分子溶液
   C 缔合胶体   D 乳状液
   E 悬浮液
6. 下列能反映溶胶动力学性质的有（　　）。
   A 布朗运动   B 扩散
   C 丁铎尔效应   D 沉降与沉降平衡

E 电泳

7. 影响氧化还原反应速率的因素有（   ）。
A 反应物的浓度　　　　　　　　B 溶液的温度
C 溶液的 pH　　　　　　　　　　D 参与反应的氧化还原电对的氧化势
E 使用的催化剂

8. 下列关于电位滴定法的说法，正确的有（   ）。
A 适合于各种滴定分析
B 通过测定滴定过程原电池电动势的变化来确定滴定终点
C 无需参比电极，只需要选择适当的指示电极与被测溶液组成工作电池
D 适合没有合适指示剂的滴定分析
E 适合溶液颜色较深或浑浊难以用指示剂判断终点的滴定分析

9. 下列属于指示电极的有（   ）。
A 金属电极　　　　　　　　　　B 离子选择性电极
C 饱和甘汞电极　　　　　　　　D 玻璃电极
E 标准氢电极

10. 关于玻璃电极，下列说法正确的有（   ）。
A 主要由敏感玻璃膜制成球泡　　B 泡内充有 pH 一定的缓冲溶液
C 只对溶液中的 H^+ 有选择性响应　　D 响应速度快
E 在使用过程中不会污染样品

11. 细菌的新陈代谢分为（   ）。
A 物质代谢　　　　　　　　　　B 中间代谢
C 能量代谢　　　　　　　　　　D 合成代谢
E 分解代谢

12. 需氧菌可以将葡萄糖最终分解为（   ）。
A 水　　　　　　　　　　　　　B 醛类
C 醇类　　　　　　　　　　　　D 二氧化碳
E 甲烷

13. 厌氧菌可以将葡萄糖分解为（   ）。
A 水　　　　　　　　　　　　　B 醛类
C 醇类　　　　　　　　　　　　D 酸类
E 酮类

14. 关于细菌生长繁殖，下列说法正确的有（   ）。
A 无机盐对细菌的生长可有可无　B 碳源是必须的，也是能量主要来源
C 需要自身无法合成的生长因子　D 水是必需的营养载体
E 大多数细菌在适宜的条件下分裂繁殖，其繁殖速度始终保持不变。

15. 在细菌的对数增长期，（   ）等指标常用来反映细菌生长的情况。
A 分裂的次数　　　　　　　　　B 生长速率常数
C 培养基类型　　　　　　　　　D 代时
E 培养温度

16. 下列指标中，（   ）可作为直接指标用来判定饮用水是否被粪便污染。
A 菌落总数　　　　　　　　　　B 总大肠菌群
C 耐热大肠菌群　　　　　　　　D 大肠埃希氏菌
E 肠球菌

三、判断题

（　）1. 表面张力可看作是引起液体表面扩张的单位长度上的力。
（　）2. 弯曲液面内外的压力差称为附加压力。
（　）3. 弯曲液面的附加压力与液体表面张力成反比。
（　）4. 弯曲液面会出现毛细现象的原因是存在附加压力。
（　）5. 布朗运动是分子热运动的必然结果，是胶粒的热运动。
（　）6. 溶胶粒子发生由高浓度向低浓度的定向迁移称为溶胶粒子的扩散。
（　）7. 氧化还原反应的氧化过程和还原过程是先后发生的。
（　）8. 能斯特方程表示的是氧化势和物质浓度（或活度）的关系。
（　）9. 氧化还原反应中两电对的氧化势差别越小，反应进行得越完全。
（　）10. 在氧化还原反应中，催化剂都可加快反应的速率。
（　）11. 电化学分析是通过测量电池的某些物理量（如电位、电流、电导或电量等），求得物质的含量或测定某些化学性质。
（　）12. 化学电池分为原电池和电解池。
（　）13. 电极是将电信号变换成溶液浓度的一种传感器。
（　）14. 电导分析法是以测定溶液的电导及其改变为基础的分析方法。
（　）15. 大多数细菌的基本结构为细胞壁、细胞膜、细胞质、细胞核等。
（　）16. 通常可以借助细菌合成代谢中形成的各种产物来鉴别细菌。

四、问答题

1. 自然界中为什么小液滴总是呈球形？
2. 什么是原电池？什么是电解池？
3. 简述氧化还原反应的原理。
4. 简述直接电位法测定水中 pH 的原理。
5. 简述细菌分解代谢和合成代谢的关系。
6. 细菌生长曲线可分为哪些时期，各有什么特点？

第 2 章　给水处理基本工艺

一、单选题

1. 下列不是选择生活饮用水水源时需要考虑的因素是（　　）。
   A　水质良好　　　B　水量充沛　　　C　便于防护　　　D　水温适宜
2. 《地表水环境质量标准》GB 3838—2002 中，依据地表水水域环境功能和保护目标，按功能高低依次将地表水划分为（　　）类。
   A　四　　　　　　B　五　　　　　　C　六　　　　　　D　七
3. 取水点（　　）的水域不得排入工业废水和生活污水。
   A　周围半径 100m　　　　　　　　B　上游 1000m 至下游 100m
   C　上游 1000m 以外　　　　　　　D　上游 1000m 至下游 1000m
4. 关于饮用水常规处理工艺流程，下列排序正确的是（　　）。
   ①沉淀；②混凝；③过滤；④消毒
   A　②①③④　　　B　①③②④　　　C　①②③④　　　D　①②④③
5. 水处理过程中，一般把附加在常规处理工艺之后的净化工艺称为（　　）。
   A　预处理工艺　　　　　　　　　　B　深度处理工艺
   C　生化处理工艺　　　　　　　　　D　物化处理工艺
6. 给水处理工艺中，通过向水中投加（　　），使水中的胶体颗粒和细小的悬浮物相互凝聚长大，形成絮状颗粒，使之在后续的工艺中能够有效地从水中沉淀下来。
   A　氧化剂　　　　B　沉淀剂　　　　C　混凝剂　　　　D　消毒剂
7. 在整个混凝过程中，一般把混凝剂水解后和胶体颗粒碰撞，改变胶体颗粒的性质使其脱稳，称为（　　）。
   A　助凝　　　　　B　凝聚　　　　　C　絮凝　　　　　D　混合
8. 水分子和其他溶解杂质分子的（　　），既是胶体颗粒稳定性因素，又是能够引起颗粒运动碰撞聚结的不稳定因素。
   A　静电斥力　　　B　布朗运动　　　C　水化作用　　　D　网捕作用
9. 聚氯化铝属于（　　）混凝剂，是目前水处理中应用较广的混凝剂。
   A　低分子无机　　B　低分子有机　　C　高分子无机　　D　高分子有机
10. 下列水处理剂中，（　　）可用作助凝剂，其作用机理有别于高分子助凝剂。
    A　聚丙烯酰胺　　B　活化硅酸　　　C　海藻酸钠　　　D　石灰
11. 根据《地表水环境质量标准》GB 3838—2002 规定，低于（　　）的地表水不适于作为集中式生活饮用水水源。
    A　Ⅰ类　　　　　B　Ⅱ类　　　　　C　Ⅲ类　　　　　D　Ⅳ类
12. 能把絮凝和沉淀这两个过程集中在同一个构筑物内进行的是（　　）。

A 沉淀池　　　　　B 澄清池　　　　　C 滤池　　　　　D 絮凝池

13. 净水构筑物中,( )底部是配水配气室,采用气水反冲洗,反冲洗时可同时配水配气。

A V形滤池　　　　B 移动罩滤池　　　C 虹吸滤池　　　D 普通快滤池

14. 滤料粒径级配是指滤料中各种粒径颗粒所占的( )比例。

A 体积　　　　　　B 重量　　　　　　C 密度　　　　　D 孔隙

15. 滤料是滤池最基本的组成部分,下列表示滤料不均匀系数的是( )。

A d_{10}　　　　　　B d_{80}　　　　　　C K_{80}　　　　　D K_{10}

16. 在常规水处理工艺中,( )是必不可少的最后一道安全保障工序,对保障安全用水有着非常重要的意义。

A 混凝　　　　　　B 过滤　　　　　　C 生物降解　　　D 消毒

17. 氯气是黄绿色的气体,密度比空气大,具有强氧化性,遇水生成( )。
①盐酸;②氯化钠;③次氯酸;④次氯酸钠

A ①③　　　　　　B ②④　　　　　　C ③④　　　　　D ①④

18. 下列关于紫外线消毒的特点,说法错误的是( )。

A 杀菌速度快　　　　　　　　　B 不需向水中投加化学药剂
C 产生的消毒副产物少　　　　　D 可长久维持消毒效果

19. 水处理中采用化学药剂法除藻时,常用的除藻剂不包括( )。

A 二氧化氯　　　　B 聚合氯化铝　　　C 氯　　　　　　D 硫酸铜

20. 使用( )对原水进行预氧化可控制水中氯酚、三卤甲烷的生成。

A 氯气　　　　　　B 二氧化氯　　　　C 高锰酸钾　　　D 次氯酸钠

21. 以活性炭为代表的吸附工艺是在( )中投加粉末活性炭,利用其吸附性能改善混凝沉淀效果来去除水中的污染物。

A 沉淀池　　　　　B 混合池　　　　　C 澄清池　　　　D 滤池

22. 关于粉末活性炭在水处理工艺上的优点,下列说法错误的是( )。

A 对绝大多数有机物有良好的吸附能力
B 可明显降低水的色度、嗅味和各项有机物指标
C 具有良好的助凝作用,可提高沉淀池除浊效果
D 可回收重复使用

23. 在臭氧-生物活性炭工艺流程中,通常将投加臭氧的步骤设置在( )之后。

A 混凝　　　　　　B 沉淀　　　　　　C 过滤　　　　　D 消毒

24. 下列关于臭氧-生物活性炭技术的优点,说法错误的是( )。

A 臭氧-生物活性炭技术与常规水处理工艺结合使用,可提高水处理的吸附效果
B 能大大降低水中氨氮浓度,从而减少投氯量
C 有效去除水中溶解性有机物、可生化有机物的去除率,提高出水水质
D 可延长活性炭的运行再生周期,减少运行费用

25. 在下列膜分离技术中,( )法使用的膜孔径最小。

A 微滤　　　　　　B 反渗透　　　　　C 超滤　　　　　D 纳滤

26. 膜分离过程是一种纯物理过程,以( )为推动力实现分离。

A 压力　　　　　B 吸力　　　　　C 重力　　　　　D 离心力

27. Cl₂及NaClO消毒，一般认为主要是通过（　　）作用。

A NaCl　　　　B HClO　　　　C NaOH　　　　D HCl

28. 下列不是化合性氯的是（　　）。

A NH₂Cl　　　 B NaClO　　　　C NHCl₂　　　　D NCl₃

29. 关于氯消毒的说法，错误的是（　　）。

A 氯消毒应用历史久，使用广泛

B 氯自行分解较慢，可以在管网中维持一定的剩余浓度

C 消毒能力高于其他消毒剂

D 对于受到有机污染的水体，氯消毒会使卤代消毒副产物含量增加

30. 净水工艺在去除微生物方面，下列说法错误的是（　　）。

A 过滤工艺可以去除细菌

B 相同条件下，液氯的灭菌效果强于氯胺

C 净水厂都使用臭氧工艺灭菌消毒

D 混凝工艺可以大量去除细菌

31. 微污染水源水的生物预处理方法主要是（　　）。

A 生物膜法　　　　　　　　B 生物接触法

C 生物吸附法　　　　　　　D 生物代谢法

32. 臭氧-生物活性炭工艺的生物降解作用主要依靠（　　）完成。

A 生物膜　　　　B 活性炭　　　　C 臭氧　　　　D 氯气

33. 关于臭氧-生物活性炭工艺中微生物的作用，下列说法错误的是（　　）。

A 可有效降解小分子有机物

B 臭氧投加量对微生物生长影响较小

C 硝化菌将氨氮转化为硝酸盐

D 可有效延长活性炭的再生周期

34. 地下水除铁锰是一种（　　）反应过程。

A 酸碱　　　　　B 配位　　　　　C 氧化还原　　　D 沉淀

35. 生活饮用水必须保证终身饮用安全。"终身"是按人均寿命70岁为基数，以每人每天饮用（　　）升水计算。

A 1　　　　　　B 2　　　　　　C 3　　　　　　D 4

36. 关于《生活饮用水卫生标准》，下列说法错误的是（　　）。

A 是保障饮水安全的技术文件　　　B 是给水处理的指导性文件

C 为强制性标准　　　　　　　　　D 具有法律效力

37. 生活饮用水卫生标准中各指标限值的确定，在安全上的考虑是要将因饮水而患病的风险控制在低于（　　）。

A 万分之一　　B 十万分之一　　C 百万分之一　　D 千万分之一

38. 下列指标中，（　　）不视为饮用水净化处理过程的重要控制指标，不反映水处理工艺质量问题。

A 浑浊度　　　　B 游离余氯　　　　C pH　　　　D 总硬度

二、多选题

1. 江河水的特点有（　　），因此其水质受外界环境影响较大。
   A 含盐量较低　　　　　　　　B 硬度低
   C 浑浊度高　　　　　　　　　D 细菌含量高
   E 受污染机会多

2. 在自来水生产中，影响混凝效果的主要因素有（　　）。
   A 水温　　　　　　　　　　　B pH
   C 碱度　　　　　　　　　　　D 色度
   E 臭和味

3. 预处理工艺和深度处理工艺的基本原理主要是利用（　　）这四种的一种或几种同时发挥作用。
   A 吸附　　　　　　　　　　　B 氧化
   C 生物降解　　　　　　　　　D 膜滤
   E 还原

4. 胶体颗粒的稳定性与（　　）有关。
   A 微粒的布朗运动　　　　　　B 胶体颗粒间的静电斥力
   C 胶体颗粒表面的水化作用　　D 胶体颗粒间的电泳现象
   E 胶体颗粒大小的不均匀性

5. 在混凝工艺流程中，形成矾花的主要原因有（　　）。
   A 电性中和作用　　　　　　　B 吸附架桥作用
   C 网捕或卷扫作用　　　　　　D 静电斥力作用
   E 沉淀作用

6. 在自来水生产中，滤料要满足的基本要求有（　　）。
   A 足够的机械强度　　　　　　B 适当的孔隙率
   C 适当的级配　　　　　　　　D 外形光滑
   E 有微孔结构

7. 水处理过程中，影响混凝效果的主要因素有（　　）。
   A 水力条件　　　　　　　　　B 水温
   C pH　　　　　　　　　　　　D 碱度
   E 水中杂质

8. 为提高低浊度原水的混凝效果，通常采用的措施有（　　）。
   A 投加黏土　　　　　　　　　B 加助凝剂，如聚丙烯酰胺
   C 投加矿物颗粒　　　　　　　D 采用直接过滤法
   E 当水中存在大量有机物时，可增加投加氧化剂

9. 一般来说，平流沉淀池可分为（　　）四部分。
   A 进水区　　　　　　　　　　B 分离区
   C 沉淀区　　　　　　　　　　D 出水区
   E 存泥区

10. 澄清池把絮凝和沉淀这两个过程集中在同一个构筑物内进行，主要依靠活性泥渣层的（   ）达到澄清的目的。
   A 拦截　　　　　　　　　　　　B 吸附
   C 混合　　　　　　　　　　　　D 沉淀
   E 分离

11. 按泥渣在澄清池中的状态，澄清池可分为（   ）两大类。
   A 泥渣循环型　　　　　　　　　B 泥渣沉淀型
   C 泥渣悬浮型　　　　　　　　　D 泥渣混合型
   E 泥渣分离型

12. 机械搅拌澄清池的特点有（   ）。
   A 适用于高浊高色的水源水　　　B 对水质水量变化的适应性强
   C 处理稳定，净水效果好　　　　D 占地面积较小
   E 维护要求低

13. 斜管沉淀池是一种高效沉淀池，关于其说法正确的有（   ）。
   A 斜管区由六角形界面的蜂窝状斜管组件组成
   B 斜管与水平面呈 45°放置于沉淀池中
   C 原水由斜管沉淀池下部进入
   D 水流在斜管沉淀池中自下向上流动
   E 污泥在池底用穿孔排污管收集

14. 化学消毒法是使用化学制剂进行清除、杀灭和灭活致病微生物的方法，可分为（   ）等。
   A 加氯法　　　　　　　　　　　B 臭氧法
   C 重金属离子法　　　　　　　　D 紫外线法
   E 超声波法

15. 次氯酸钠俗称漂白水，具有强氧化性，遇水生成（   ）。
   A 氢氧化钠　　　　　　　　　　B 氯化钠
   C 次氯酸　　　　　　　　　　　D 次氯酸钠
   E 盐酸

16. （   ）消毒能力高于游离氯，不产生氯代有机物，消毒副产物生成量小。
   A 二氧化氯　　　　　　　　　　B 次氯酸钠
   C 次氯酸钙　　　　　　　　　　D 臭氧
   E 氯胺

17. 对微污染水源进行净化，（   ）等工艺可有效去除水中的藻毒素。
   A 传统水处理工艺　　　　　　　B 活性炭吸附
   C 臭氧氧化　　　　　　　　　　D 石灰沉淀
   E 电解法

18. 化学氧化预处理技术中常用的氧化剂有（   ）。
   A 氯　　　　　　　　　　　　　B 臭氧
   C 高锰酸钾　　　　　　　　　　D 高铁酸钾

E 硫酸铜

19. 微污染水源处理工艺中，膜技术的优点有（　　）。
A 有良好的调节水质的能力　　　B 去除污染物范围广
C 无须化学清洗　　　　　　　　D 不须要添加药剂
E 无须预处理

20. 现行国家标准《生活饮用水卫生标准》GB 5749 中规定氟的含量不得超过1mg/L，以下关于水中氟的说法，正确的是（　　）。
A 我国地下水含氟量与地下水温度关系密切
B 氟是对人体有害的金属元素
C 氟化学性质不活泼，在自然界中以单质形式存在
D 水中含氟量过高则会引起慢性中毒，对牙齿和骨骼产生危害
E 饮用水除氟方法广泛应用的有氧化还原法

21. 下列藻类的控制方法中，说法正确的有（　　）。
A 化学药剂法除藻效果好，成本低廉，可作为去除藻类的首选方法
B 常用的化学除藻剂有二氧化氯、氯、硫酸铜等
C 化学药剂法控制藻类须在水源地进行
D 微滤机去除藻类的效果优于传统的混凝沉淀
E 气浮除藻法可不加絮凝药剂

22. 下列反映生活饮用水水质的理化指标中，属于感官性状和一般化学指标的有（　　）。
A 挥发酚类　　　　　　　　　　B 高锰酸盐指数
C 土臭素　　　　　　　　　　　D 微囊藻毒素-LR
E 氯化物

三、判断题

（　）1. 地下水源水由于水质较好，处理方法比较简单，一般只需消毒处理即可。

（　）2. 一般来说，水中杂质会影响混凝效果，杂质粒径细小而均一则混凝效果较好。

（　）3. 沉淀池的浅池沉淀原理是指在沉淀池容积一定的条件下，池深越浅，沉淀面积越大，悬浮颗粒去除率越高。

（　）4. 过滤不仅可以降低水的浊度，还可为消毒工艺创造良好条件。

（　）5. pH 越低，Cl_2 及 NaClO 的消毒能力越强。

（　）6. 水中的氯消毒分为游离性氯消毒与化合性氯消毒，游离性氯消毒效果要弱于化合性氯消毒，但游离性氯消毒的持续性较好。

（　）7. 臭氧的消毒能力高于氯，但分解速度过快，还需在出厂水中投加二氧化氯作为剩余保护剂。

（　）8. 紫外线消毒处理是用紫外灯照射流过的水，以照射能量的大小来控制消毒效果。

（　）9. 紫外线消毒是利用紫外线杀菌作用对水进行消毒处理，该技术已经在市政

水厂广泛使用。

（　　）10. 生物接触氧化法是利用微生物群体的新陈代谢活动初步去除水中泥沙。

（　　）11. 当地下水中铁锰共存时，应先除铁后除锰。

（　　）12. 生活饮用水是指供应人日常生活的饮水和生活用水。

（　　）13. 水的总硬度包括暂时硬度和永久硬度。

（　　）14. 饮用水浑浊度高低，与消毒效果关系不大。

（　　）15. 水中的色度可直接影响人类健康。

四、问答题

1. 现行国家标准《生活饮用水卫生标准》GB 5749 要求水质卫生的一般原则是什么？

2. 湖泊水藻类生长旺盛会对水质产生怎样的影响？

3. 常用的微污染水源处理方法有哪些（请说出至少三种）？请选择任意两种常用微污染水源处理方法，简述其原理。

4. 在给水处理过程中，常规处理工艺有哪些流程？请简述各流程的净水原理。

5. 饮用水浑浊度是由哪些原因造成的？对消毒工艺有什么影响？对净水水质有什么意义？

第3章 水质检验基础知识

一、单选题

1. 下列属于容器类玻璃仪器的是（　　）。
   A　烧杯　　　　　　B　滴定管　　　　　C　量筒　　　　　　D　容量瓶
2. 下列属于量器类玻璃仪器的是（　　）。
   A　烧瓶　　　　　　B　称量瓶　　　　　C　移液管　　　　　D　离心管
3. 下列玻璃仪器中，既不属于量器，也不属于容器的是（　　）。
   A　烧瓶　　　　　　B　移液管　　　　　C　抽滤瓶　　　　　D　量筒
4. 高温时，瓷制器皿可以用于盛放（　　）试剂。
   A　氢氧化钠　　　　B　氢氧化钾　　　　C　氢氟酸　　　　　D　氯化钠
5. 石英玻璃制品的特点不包括（　　）。
   A　硬度大　　　　　B　耐高温　　　　　C　膨胀系数低　　　D　耐强碱
6. 清洗（　　）时，可以用刷子清除表面污垢。
   A　烧杯　　　　　　B　移液管　　　　　C　容量瓶　　　　　D　滴定管
7. 对精密玻璃仪器进行洗涤时，下列做法错误的是（　　）。
   A　可浸泡在洗涤液中　　　　　　　　　B　可对洗涤液进行加热
   C　避免使用刷子进行清洗　　　　　　　D　可以使用强碱性洗涤液进行浸泡
8. 下列玻璃器具中，（　　）不能使用刷子进行清洗。
   A　烧杯　　　　　　B　移液管　　　　　C　锥形瓶　　　　　D　试管
9. 关于比色皿的清洗，下列说法正确的是（　　）。
   A　使用毛刷进行清洗
   B　使用碱性洗涤剂清洗
   C　使用盐酸-乙醇（1+2）溶液浸泡有机物残留
   D　使用强氧化性洗涤液清洗
10. 关于铬酸洗液使用说法错误的是（　　）。
    A　铬酸洗液具有强氧化性
    B　不能用于测铬的玻璃仪器的洗涤
    C　可以清洗绝大多数玻璃仪器
    D　不可以反复使用
11. 洗涤测定痕量金属的玻璃仪器时，常用的洗液是（　　）。
    A　稀硝酸　　　　　B　氢氧化钠　　　　C　乙醚　　　　　　D　草酸
12. 清除玻璃仪器上沾有的高锰酸钾污渍时，常用的洗液是（　　）。
    A　盐酸（1+1）　　B　乙醇　　　　　　C　氢氧化钠　　　　D　草酸

13. 下列方法中不适用于干燥玻璃仪器的是(　　)。
   A　倒置晾干　　　　　　　　　　B　烘干后冷却
   C　溶剂润洗后吹干　　　　　　　D　吸水纸擦拭
14. 标定硝酸银溶液常用的基准物质是(　　)。
   A　氧化锌　　　B　氯化钠　　　C　碘酸钾　　　D　无水碳酸钠
15. 关于萃取剂的选用,下列说法错误的是(　　)。
   A　萃取剂和原溶液中的溶剂应互不相溶
   B　萃取剂对溶质的溶解度要远远高于原溶剂
   C　萃取剂不能和原溶液中的溶剂发生反应
   D　萃取剂应有较大挥发性
16. 水质检测常用的萃取剂不包括(　　)。
   A　二氯甲烷　　B　三氯甲烷　　C　正己烷　　　D　甲醇
17. 液液萃取操作中,当两种溶液因部分互溶而发生乳化时,可通过加入少量(　　)进行破坏。
   A　萃取剂　　　B　电解质　　　C　纯水　　　　D　干燥剂
18. 液液萃取操作中,分液漏斗中的萃取液应(　　)。
   A　从上口倒出
   B　经旋塞放出
   C　上层液体从上口倒出,下层液体经旋塞放出
   D　保留在分液漏斗中
19. 测定含有机物水样中的无机元素时,需对水样进行(　　)。
   A　过滤　　　　B　消解　　　　C　离心　　　　D　蒸馏
20. 用于测定汞元素的水样通常采用(　　)法进行消解。
   A　硝酸　　　　B　硝酸-高氯酸　C　硫酸-磷酸　　D　硫酸-高锰酸钾
21. 对离群值进行取舍时,对检出的离群值,应以(　　)作为处理离群值的依据。
   A　检出水平　　　　　　　　　　B　剔除水平
   C　实际需要和以往经验　　　　　D　尽可能寻找其技术上和物理上的原因
22. 配制标准溶液系列时,已知含空白浓度在内的浓度点不得少于(　　)个。
   A　5　　　　　B　6　　　　　C　7　　　　　D　8
23. 在水质分析质量控制中,校准曲线的相关系数 r 一般应大于或等于(　　),否则需从分析方法、仪器、量器及操作等因素查找原因,改进后重新制作。
   A　0.990　　　B　0.995　　　C　0.997　　　D　0.999
24. 色谱分析采用内标法定量的关键是选择合适内标物。下列对于内标物的要求不包括(　　)。
   A　试样中不能含有内标物
   B　内标物的性质应与被测组分的性质相近,且与试样不发生化学反应
   C　内标物的量应接近被测组分的量,且响应信号应在被测组分响应值附近
   D　内标物只能有一种
25. 某些分光光度法是以扣除空白值后吸光度为(　　)的浓度值为检出限。

A 0.010 B 0.020 C 0.030 D 0.040

26. 散射光浊度仪所示数据的单位是（　　）。
A NTU B ntu C ° D ％

27. 使用浊度仪过程中，（　　）不会影响到浊度仪读数结果。
A 样品出现漂浮物和沉淀物 B 样品存在气泡
C 样品瓶有划痕和污渍 D 使用前后未核查

28. 使用便携式余氯测定仪时，下列操作错误的是（　　）。
A 测定前应充分混匀水样 B 使用前不用校零
C 测量瓶中水样应不少于50％ D 测量结果应立即读数

29. 使用便携式二氧化氯仪时，下列操作正确的是（　　）。
A 只需添加显色剂 B 滴加4滴甘氨酸溶液后加入显色剂
C 显色剂加入后滴加4滴甘氨酸溶液 D 显色剂加入前滴加1滴甘氨酸溶液

30. 使用便携式臭氧测定仪时，下列操作错误的是（　　）。
A 现场取样立即测定
B 测量前快速混匀含靛蓝试剂的安瓿瓶
C 测量前无需擦拭安瓿瓶
D 测量前先调零

31. 移液枪不用时，量程应（　　），使弹簧处于松弛的状态，以保护弹簧。
A 调至最大刻度 B 调至最小刻度
C 调至中间刻度 D 保持使用时的刻度

32. 超纯水仪装置中，一般选用（　　）进行深度除盐。
A 精密滤芯 B 活性炭滤芯
C 反渗透膜 D 纯化柱

33. 下列对离心机的操作，说法错误的是（　　）。
A 低速时可以手动制动
B 启动时有振动和噪声应立即停机检查
C 定期对离心室进行清污检查
D 对离心转子使用中性去污剂进行清理

34. 超声波清洗仪的工作原理是通过声波作用使液体（　　），从而进行清洗。
A 扩散 B 振动 C 曝气 D 沸腾

35. 氮吹仪的工作原理是利用氮气吹入样品的表面，使样品中的溶剂快速（　　）。
A 蒸馏 B 溶解 C 冷凝 D 蒸发

36. 氮吹仪中氮气的作用是对样品进行（　　）。
A 浓缩 B 过滤 C 溶解 D 萃取

37. 氮吹仪的气体通过（　　）进入配气系统，最后到达针阀管。
A 定位弹簧 B 针头 C 可调流量计 D 托盘

38. 氮吹仪又称氮气浓缩装置，它主要用来（　　）。
A 提高待测物浓度 B 降低待测物含量
C 提高待测物体积 D 降低待测物温度

39. 固相萃取是依据水样中待测组分与干扰组分在萃取剂上( )的不同进行分离的过程。

  A 滞留速度   B 作用力   C 温度   D 极性

40. 与传统液液萃取相比,固相萃取的优势不包括( )。

  A 有机溶剂消耗量小   B 可实现萃取工艺自动化
  C 目标组分更易收集   D 无需特殊装置和材料

41. 关于固相萃取仪的工作流程,下列顺序正确的是( )。

  ①活化;②上样;③淋洗;④干燥;⑤洗脱

  A ①②③④⑤ B ②①③⑤④ C ②①④③⑤ D ①③⑤②④

42. 使用固相萃取仪时,当样品溶液通过固相萃取小柱,待测组分和少量杂质便被吸附下来,这一过程被称为( )。

  A 上样   B 淋洗   C 活化   D 洗脱

43. 使用固相萃取仪时,选用适当溶剂去除固相萃取小柱上被吸附杂质的过程被称为( )。

  A 上样   B 淋洗   C 洗脱   D 活化

44. 顶空进样技术的工作原理是通过抽取样品中的( )进行色谱分析,从而测定出这些组分在原样品中的含量。

  A 气体   B 液体   C 固体   D 气液混合物

45. 顶空进样技术的理论依据,是在一定条件下( )之间存在着分配平衡。

  A 气相和液相 B 气相和气相 C 液相和液相 D 液相和固相

46. 顶空进样器是气相色谱的一种前处理装置,其操作顺序正确的是( )。

  ①设置参数;②放置样品;③平衡样品;④加热挥发;⑤抽样分析

  A ①②③④⑤ B ③②④①⑤ C ②①③⑤④ D ②③①④⑤

47. 作为气相色谱的一种前处理装置,顶空进样器的灵敏度主要取决于样品中气相与凝聚相之间的( )系数关系。

  A 选择   B 分配   C 平衡   D 活度

48. 使用顶空进样技术对样品进行前处理时,当待测组分( ),仪器灵敏度会相应提高。

  ①易挥发;②易溶解;③难挥发;④难溶解

  A ①②   B ①④   C ②③   D ③④

49. 吹扫捕集技术也被称为( )顶空技术。

  A 气态   B 液态   C 固态   D 动态

50. 吹扫捕集技术与顶空进样技术的相同之处是( )。

  A 都要用气体吹扫液相或固相
  B 都要用惰性气体将被测物从样品中抽提出来
  C 都可对半挥发性物质进行分析
  D 两种方式测得的检出限一致

51. 吹扫捕集器是气相色谱的一种前处理装置。当用惰性气体吹扫样品后,挥发性组分将随气体转移到装有固定相的( )里。

A 捕集管　　　　B 冷凝管　　　　C 离子阱　　　　D 化学阱

52. 吹扫捕集技术最主要的问题是吹扫过程中大量（　　）被带出，对捕集管造成损害，所以应对其提前去除。

A 氮气　　　　B 氦气　　　　C 水蒸气　　　　D 挥发性有机物

53. 关于干湿球法湿度计，下列说法错误的是（　　）。

A 空气中水蒸气未饱和，湿球所示温度比干球低
B 通过干、湿两球温度差可查表得知相对湿度
C 空气中水蒸气饱和，湿球所示温度和干球一样
D 不可以同时测量室内湿度和温度

54. 关于分析天平使用要求，下列说法错误的是（　　）。

A 温湿度应满足要求
B 避光、避振、防尘
C 避免气流影响
D 移动后可直接使用

55. 使用表层温度计测量水温，当气温高于水温时（　　）。

A 测定一次就可以
B 测定两次取平均值
C 测定两次取温度值较高的一次
D 测定两次取温度值较低的一次

56. 关于密度计使用，下列说法正确的是（　　）。

A 密度计可触底或与筒壁接触
B 密度计上端露在液体外的部分所粘液体不得超过2~3分度
C 待测液体中可以有气泡
D 待测液体温度对密度计的测定结果无影响

57. 密度计常用于液态样品密度测定，其刻度的特点是（　　）。

A 上小下大，上疏下密
B 上大下小，上疏下密
C 上小下大，均匀分布
D 上大下小，均匀分布

58. 关于测定下限的描述，以下说法错误的是（　　）。

A 是样品中被测组分能被定量测定的最小浓度或量
B 是样品中被测组分能被定性测定的最小浓度或量
C 需要满足一定正确度和精密度的要求
D 分析方法的精密度要求越高，测定下限高于检出限越多

59. 关于数字"0"与有效数字之间的关系，下列表述正确的是（　　）。

A 数值0.707中的"0"都是有效数字
B 数值0.707中的"0"都不是有效数字
C 数值7.070中的"0"都是有效数字
D 数值7.070中的"0"都不是有效数字

60. 在一次实验中得到的测定值为10.5mol/L、10.2mol/L、10.5mol/L和10.4mol/L，均值为10.4mol/L，则平均偏差为（　　）mol/L。

A －0.1　　　　B 0　　　　C 0.1　　　　D 0.2

61. 用天平进行称量得到的称量值为5.2g、4.8g、5.1g和4.9g，均值为5.0g，则相对平均偏差为（　　）%。

A 1　　　　B 2　　　　C 3　　　　D 4

62. 在一次实验中得到的测定值为 96mg/L、100mg/L、103mg/L 和 98mg/L，则极差为（　）mg/L。
　　A　2　　　　　　B　4　　　　　　C　6　　　　　　D　7

63. 在一次实验中得到的测定值为 1.3mg/L、1.4mg/L、0.8mg/L、1.3mg/L 和 1.2mg/L，均值为 1.2mg/L，则相对极差为（　）%。
　　A　40　　　　　 B　50　　　　　 C　55　　　　　 D　60

64. 数据统计中常用标准偏差来表达测定数据之间的（　）程度。
　　A　可靠　　　　B　分散　　　　C　准确　　　　D　一致

65. 在一次实验中得到的测定值为 2.27mg/L、1.95mg/L、2.06mg/L、2.18mg/L 和 2.14mg/L，标准偏差为 0.12mg/L，则相对标准偏差为（　）%。
　　A　5.52　　　　B　5.66　　　　C　5.86　　　　D　5.92

66. 实验室开展质量控制目的是将分析结果的（　）控制在允许限度内。
　　A　平均值　　　B　误差　　　　C　精密度　　　D　检测限

67. 开展实验室内部质控，平行双样分析通常以（　）来判定是否合格。
　　A　相对偏差　　B　相对误差　　C　平均值　　　D　回收率

68. 在没有被测物质的空白样品中（如纯水）加入一定量的标准物质，按样品的分析步骤进行测定，得到的结果与加入标准物质的理论值之比为样品的（　）。
　　A　空白加标回收率　B　检测限　　C　检出限　　　D　相对偏差

69. 加标试验时，加标量需合理，一般为待测物含量的（　）倍，且加标后的总量不应超方法的测定上限。
　　A　0.5～2.0　　B　0～0.1　　　C　1.0～2.0　　D　2.0～5.0

70. 质控样分析可反映检测的准确度和检查实验室内（或个人）是否存在（　）。
　　A　随机误差　　B　系统误差　　C　过失误差　　D　偶然误差

71. 能力验证通常由相关行业权威专业机构来组织，依据预先制定的准则，采用（　）的方式，评价各实验室的能力。
　　A　方法比对　　B　人员比对　　C　仪器比对　　D　实验室间比对

72. 关于实验室间比对，下列说法错误的是（　）。
　　A　必须利用有证标准物质来考查
　　B　是确定某个实验室对特定试验的测量能力
　　C　可以向客户提供更高的可信度
　　D　可以识别实验室间的差异

73. 能力验证结果的评估原理是基于（　）的显著性检验。
　　A　均匀分布　　B　正态分布　　C　泊松分布　　D　几何分布

74. 采用四分位法对能力验证结果进行评价时，为了使评价结果不受过大或过小离群值的影响，一般采用（　）代替平均值作为参考。
　　A　最大值　　　B　最小值　　　C　差值　　　　D　中位值

75. 采用四分位法评价能力验证结果时，对样本量的要求是（　）。
　　A　样品量不能过多　　　　　　B　样品量不能过少
　　C　样本量可多可少　　　　　　D　样本量大小与分析方法有关

76. 采用样品 A 和样品 B（又称"样品对"）的方式开展实验室间比对/能力验证时，实验室 z 比分数的 ZB 主要反映结果的系统误差，当 $ZB \geq 3$，表明该样品对的两个结果（　　）。

A 都太高了　　　　B 都太低了　　　　C 差值太大　　　　D 差值太小

77. 下列测量结果及不确定度表述规范的是（　　）。

A 7.58±0.15　　　B 7.58±0.150　　　C 7.58±0.2　　　D 7.58±0.1

78. 对测量不确定度评定后，测量结果公式为 $Y=y\pm U$，对该公式理解不正确的是（　　）。

A y 是表示被测量 Y 的估计值

B 被测量 Y 的可能值以较高的包含概率落在 $[y-U, y+U]$ 区间内

C $y-U \leq Y \leq y+U$

D $y-U < Y < y+U$

79. 关于消毒与灭菌，下列说法正确的是（　　）。

A 消毒更容易实现　　　　　　B 灭菌更容易实现

C 两者没有区别　　　　　　　D 实验室只需要消毒

80. 一般控制在每立方米空间≥（　　）W 来安装紫外灯，才能有效消毒。

A 0.25　　　　　B 0.5　　　　　C 1.5　　　　　D 1

81. 不耐高热的含糖培养基一般选用（　　）方法进行灭菌。

A 间歇灭菌　　　　　　　　　B 高压蒸汽灭菌

C 干热空气灭菌　　　　　　　D 烧灼

82. 关于实验室无酚水制备，下列说法错误的是（　　）。

A 使用加碱蒸馏法时，需加碱至水的 pH>11

B 使用加碱蒸馏法时，可加少量高锰酸钾

C 使用活性炭吸附法时，需将活性炭烘烤活化

D 使用活性炭吸附时，水的流速越快越好

83. 实验室常使用 (1+1) 硝酸及（　　）溶液对无氯水进行检验。

A 氯化钠　　　　B 硝酸银　　　　C 氢氧化钾　　　　D 盐酸

84. 无氨水的制备过程是向水中加入硫酸至 pH<（　　），使水中各形态的氨或胺最终都转变成不挥发的盐类，收集馏出液即得。

A 2　　　　　　B 5　　　　　　C 8　　　　　　D 10

85. 用煮沸法制备无二氧化碳水时，下列说法错误的是（　　）。

A 水较多时，煮沸至少 10min

B 水较少时，蒸发量 10% 以上

C 煮沸后需要加盖冷却

D 制备好的无二氧化碳水密封保存即可

86. 制备不含有机物蒸馏水时，将（　　）溶液加入水中与水共沸，使有机物氧化，最后收集馏出液。

A 硫酸　　　　B 碱性高锰酸钾　　　　C 活性炭　　　　D 氢氧化钠

87. 大多数用于检测的新配制培养基灭菌时不适合用（　　）灭菌方法。

A 湿热（高压蒸汽） B 煮沸
C 过滤 D 化学

88. 关于培养基的配制，下列说法错误的是（　　）。
A 培养基干粉称重时应在通风橱中操作，并佩戴口罩
B 含琼脂的培养基加热前应浸泡几分钟
C 对培养基进行pH测定，应在灭菌前进行
D 所有的培养基灭菌均可使用高压蒸汽灭菌法

89. 关于平板划线法的曲线接种操作，下列说法错误的是（　　）。
A 接种环经火焰灼烧灭菌冷却后，挑取样品或培养液少许，轻轻涂布于平板1/5处
B 划线时以左右来回直线形式接种
C 划线接种时注意线与线之间既要留有适当距离，也要尽可能利用有效面积
D 将平板扣入皿盖中，注明日期和样品号，置于适宜环境培养

90. 接种技术最关键的是（　　）。
A 无菌操作原则 B 人员操作速度
C 使用的工具 D 使用的培养基

91. 革兰氏染色原理是基于革兰氏阳性菌和革兰氏阴性菌这两类细菌的（　　）结构和成分不同。
A 细胞壁 B 细胞核 C 细胞质 D 细胞膜

92. 关于培养基配制，下列操作顺序正确的是（　　）。
①称量和复水；②溶解和分散；③测定调整pH；④分装；⑤灭菌
A ①②③④⑤ B ②③①④⑤ C ①③②④⑤ D ②①③④⑤

93. 关于革兰氏染色，下列操作顺序正确的是（　　）。
①媒染；②复染；③初染；④脱色
A ③①④② B ①②③④ C ①③②④ D ④②③①

94. 为使革兰氏染色的结果准确可靠，操作时最好选取（　　）的细菌。
A 迟缓期 B 对数增长期 C 稳定生长期 D 衰亡期

95. 构成有效数字的数值，只有（　　）是可疑的或不确定的，其余数字是可靠的、确定的。
A 首位数 B 末位数 C 倒数第二位数 D 最后两位数

96. 下列数值中，"0"不是有效数字的是（　　）。
A 0.26 B 2.06 C 2.60 D 20.6

97. 数字修约时，将10.050修约到小数点后一位，得（　　）。
A 10.05 B 10.1 C 10.0 D 11.0

98. 数字修约时，将18.651修约到小数点后一位，得（　　）。
A 18.6 B 18.7 C 19 D 18.65

99. 几个数据相加减时，以（　　）为准，其余的数据均比它多保留一位，把多余的位数舍去，再进行加减运算。
A 小数点后位数最少的数值 B 小数点后位数最多的数值
C 整数位数 D 有效数字最少的数值

100. 23.79－7.3＋5.665 的计算结果是（　　）。
   A　22.1　　　　　B　22.2　　　　　C　22.15　　　　　D　22.16
101. 13.18×4.05÷1.5 的计算结果是（　　）。
   A　35　　　　　　B　35.6　　　　　C　35.64　　　　　D　36
102. 计算 4.525² 时，计算器给出的数字是 20.475625，修约后结果应为（　　）。
   A　20.47　　　　B　20.48　　　　C　20.475　　　　D　20.476
103. 计算 lg2.387 时，计算器给出数字为 0.3778524，修约后结果应为（　　）。
   A　0.3778　　　　B　0.377　　　　C　0.3779　　　　D　0.378
104. 误差是指测定结果与（　　）之差。
   A　最低值　　　　B　最高值　　　　C　平均值　　　　D　真值
105. 根据误差产生的原因和性质，可分为（　　）、随机误差、过失误差三类。
   A　系统误差　　　B　偶然误差　　　C　平均误差　　　D　操作误差
106. 关于系统误差，下列说法错误的是（　　）。
   A　是分析过程中某些固定原因造成的
   B　总是以重复固定的形式出现
   C　其正负、大小不具有规律性
   D　不能通过多次重复测定来消除
107. 下列方法中，（　　）不能消除系统误差。
   A　仪器校准　　　B　空白试验　　　C　回收试验　　　D　平行测定
108. 绝对误差是指单一测量值或多次测量的均值与（　　）之差。
   A　最低值　　　　B　最高值　　　　C　平均值　　　　D　真值
109. 绝对偏差是指某一测量值与多次测量结果的（　　）之差。
   A　最低值　　　　B　最高值　　　　C　平均值　　　　D　真值
110. 精密度是指使用特定的分析步骤，在受控的条件下重复测定（　　），所获得测定值之间的一致性程度。
   A　不同浓度的样品　　　　　　　　B　均一的样品
   C　不同人员配制的样品　　　　　　D　不同时段配制的样品
111. 精密度大小通常用（　　）来表示。
   A　回收率　　　　B　偏差　　　　　C　平均值　　　　D　不确定度
112. 通常用（　　）来反映分析结果准确度的优劣。
   A　相对偏差　　　B　精密度　　　　C　平均值　　　　D　加标回收试验
113. 测量值与真值之差称为（　　）。
   A　系统误差　　　B　标准偏差　　　C　绝对误差　　　D　绝对偏差
114. 实验室质量控制主要反映的是分析质量的（　　）如何，以便及时发现异常现象，随时采取相应的纠正措施。
   A　稳定性　　　　B　公正性　　　　C　客观性　　　　D　持续性
115. 实验室开展质量控制的目的是发现和控制分析过程产生误差的来源，把误差（　　），保证测量结果有一定的精密度和准确度。
   A　减到最小　　　　　　　　　　　B　消失

C 控制在容许范围内　　　　　　D 抵消

二、多选题

1. 下列属于容器类玻璃仪器的有(　　)。
   A 烧杯　　　　　　　　　　　B 烧瓶
   C 试管　　　　　　　　　　　D 离心管
   E 比色管

2. 下列属于量器类玻璃仪器的有(　　)。
   A 烧杯　　　　　　　　　　　B 移液管
   C 试管　　　　　　　　　　　D 量筒
   E 比色管

3. 下列玻璃仪器中不能加热的有(　　)。
   A 烧杯　　　　　　　　　　　B 容量瓶
   C 量筒　　　　　　　　　　　D 试管
   E 比色管

4. 干燥器使用时的注意事项有(　　)。
   A 沿边口涂抹少许凡士林并旋转盖子至透明以免漏气
   B 开启时应水平移动顶盖并迅速打开
   C 热的物品需冷却到略高于室温再移入干燥器内
   D 久存的干燥器可用热毛巾或暖风吹化开启
   E 开启时应水平移动顶盖并缓缓打开

5. 玛瑙研钵可用于(　　)。
   A 研磨样品　　　　　　　　　B 低温烘干
   C 自然干燥　　　　　　　　　D 高温加热
   E 称量容器

6. 关于玛瑙研钵的特性，下列描述正确的有(　　)。
   A 性质稳定　　　　　　　　　B 耐压强度高
   C 耐酸碱　　　　　　　　　　D 导热性好
   E 价格便宜

7. 在高温条件下，瓷制器皿不宜盛放的试剂有(　　)。
   A 氢氧化钠　　　　　　　　　B 氢氟酸
   C 硅镁吸附剂　　　　　　　　D 碳酸钠
   E 氯化钠

8. 关于蒸发皿的叙述，下列说法正确的有(　　)。
   A 主要用于蒸发浓缩溶液
   B 加热时液体不得小于容积的 2/3
   C 加热过程需不断搅拌
   D 当蒸发皿析出较多固体时应减小火焰或停止加热
   E 加热时应防止晶体飞溅

9. 下列属于量出式量器的有（　　）。
A 胖肚吸管　　　　　　　　　　B 无分度吸管
C 分度吸管　　　　　　　　　　D 量筒
E 容量瓶

10. 石英玻璃制实验用品的特点有（　　）。
A 硬度大　　　　　　　　　　　B 耐高温
C 膨胀系数低　　　　　　　　　D 电绝缘性能良好
E 耐酸碱

11. 容器类玻璃仪器干燥的方式有（　　）。
A 倒置晾干　　　　　　　　　　B 烘干
C 溶剂润洗后吹干　　　　　　　D 暴晒
E 灼烧

12. 实验室常用于洗涤油污或油漆的有机溶剂有（　　）。
A 乙醚　　　　　　　　　　　　B 乙醇
C 丙酮　　　　　　　　　　　　D 二甲苯
E 盐酸

13. 化学试剂根据实际用途和纯度分为（　　）。
A 标准试剂　　　　　　　　　　B 普通试剂
C 高纯试剂　　　　　　　　　　D 专用试剂
E 国标试剂

14. 标准试剂根据所含杂质的多少可分为（　　）。
A 色谱纯　　　　　　　　　　　B 优级纯
C 分析纯　　　　　　　　　　　D 化学纯
E 实验试剂

15. 下列属于专用试剂的有（　　）。
A 光谱纯试剂　　　　　　　　　B 指示剂
C 生化试剂　　　　　　　　　　D 生物染色剂
E 色谱纯试剂

16. 关于化学试剂的选择方法，下列说法正确的有（　　）。
A 滴定分析应使用分析纯试剂　　B 精密分析应使用优级纯试剂
C 仪器分析一般使用优级纯或专用试剂　D 定性分析可选用化学纯试剂
E 选用试剂应优先考虑经济便宜

17. 下列会对化学试剂保存产生影响的因素有（　　）。
A 空气　　　　　　　　　　　　B 温度
C 光线　　　　　　　　　　　　D 湿度
E 微生物

18. 下列见光会分解的化学试剂有（　　）。
A 过氧化氢　　　　　　　　　　B 硝酸银
C 高锰酸钾　　　　　　　　　　D 草酸

E 氯化钠

19. 下列容易侵蚀玻璃的化学试剂有（　　）。
A 氢氟酸　　　　　　　　　B 氢氧化钾
C 浓硫酸　　　　　　　　　D 浓硝酸
E 氢氧化钠

20. 关于试剂的保存及使用，下列说法正确的有（　　）。
A 试液标签应清晰标明名称、浓度、配制日期、配制人、有效期等信息
B 液体试剂用洁净的量筒或烧杯倒取，倒取时标签朝下
C 有毒试剂应遵循"使用多少配多少"的原则
D 含有有毒试剂的废液不得直接倒入下水道，应倒入专用的废液桶中，定期处理
E 未使用完的试剂严禁倒回原试剂瓶

21.《分析实验室用水规格和试验方法》GB/T 6682—2008 中将实验室用水分为（　　）。
A 一级水　　　　　　　　　B 二级水
C 三级水　　　　　　　　　D 四级水
E 五级水

22. 实验室用水制备的方法有（　　）。
A 蒸馏法　　　　　　　　　B 离子交换法
C 反渗透法　　　　　　　　D 滤膜法
E 灭菌法

23. 实验室制备用水的方法中，离子交换法的特点有（　　）。
A 出水纯度高　　　　　　　B 操作简单
C 成本高　　　　　　　　　D 产量大
E 可以去除水中的有机物

24. 用离子交换树脂制备纯水时，常见的操作有（　　）。
A 装柱　　　　　　　　　　B 树脂的化学处理
C 蒸馏水淋洗　　　　　　　D 水的去离子处理
E 树脂再生

25. 下列可用于定量分析的溶液有（　　）。
A 有证标准溶液　　　　　　B 标准滴定溶液
C 标准使用液　　　　　　　D 饱和溶液
E 缓冲溶液

26. 水质分析中常用的浓度表示方法有（　　）。
A 比例浓度　　　　　　　　B 质量分数
C 体积分数　　　　　　　　D 物质的量浓度
E 物质的摩尔浓度

27. 标准滴定溶液浓度的表示方法有（　　）。
A 物质的量浓度　　　　　　B 质量浓度
C 滴定度　　　　　　　　　D 体积比

E　质量比

28. 下列对于基准物质描述正确的有(　　)。
A　基准物质纯度需达到≥99.0%
B　基准物质组成应与化学式相符
C　基准物质性质稳定，一般情况下不易吸湿
D　基准物质参与反应时，按反应式定量进行，无副反应
E　基准物质通常有较小摩尔质量，可减少称量时的相对误差

29. 用间接标定法计算标定溶液的浓度时，需明确(　　)。
A　待标定溶液的摩尔浓度　　　B　待标定溶液的体积
C　已知标准溶液的摩尔浓度　　D　消耗已知标准溶液的体积
E　待标定溶液的质量分数

30. 游离余氯是指液氯与水接触一定时间后，除了与水中的微生物、有机物、部分无机物等作用后消耗掉一部分外，剩余留在水中的(　　)。
A　次氯酸　　　　　　　　　　B　次氯酸根离子
C　氯　　　　　　　　　　　　D　二氧化氯
E　氯化铵

31. 关于便携式余氯仪，下列说法正确的有(　　)。
A　气泡和振动会破坏样品瓶的表面，使仪器得出错误的结论
B　样品瓶若有划痕或沾污会影响仪器的测定值
C　对仪器调零和测量用的样品瓶可直接使用，无须检查
D　仪器可快速测定水中游离余氯的含量
E　仪器测得结果的单位以 mg/L 表示

32. 二氧化氯在水中可以长时间维持灭菌作用，消灭(　　)等。
A　孢子　　　　　　　　　　　B　霉菌
C　生物膜　　　　　　　　　　D　氧化有机物
E　原生动物

33. 氮吹仪由(　　)等部分构成。
A　底盘　　　　　　　　　　　B　中心杆
C　样品定位架　　　　　　　　D　配气系统
E　捕集管

34. 采用水浴法加热时，氮吹仪可用于浓缩(　　)等。
A　甲醇　　　　　　　　　　　B　石油醚
C　水　　　　　　　　　　　　D　二氯甲烷
E　乙酸乙酯

35. 固相萃取技术主要用于样品的(　　)。
A　挥发　　　　　　　　　　　B　分离
C　蒸馏　　　　　　　　　　　D　分解
E　富集

36. 关于固相微萃取技术，下列说法正确的有(　　)。

A 集采集、萃取、浓缩、进样于一体　　B 整个过程需要用到有机溶剂
C 可实现超痕量分析　　D 是一种样品前处理技术
E 整个过程需要用到无机溶剂

37. 顶空进样技术有效避免了高沸点成分对于气相色谱中（　　）的污染，延长了仪器部件的寿命。

A 进样口　　B 载气
C 温控器　　D 色谱柱
E 数据处理器

38. 较传统萃取技术而言，顶空进样技术具备的优势主要有（　　）。

A 免除繁琐的样品前处理步骤　　B 避免有机溶剂干扰
C 打破密闭容器中气液平衡性　　D 缩短前处理时间
E 减少对色谱柱污染

39. 顶空进样器是气相色谱的一种前处理装置。它是将待测样置于一密闭容器中，通过（　　）的方式抽取样品中的待测物进行分析。

A 加热　　B 蒸馏
C 加压　　D 冷凝
E 溶解

40. 作为气相色谱的一种前处理技术，吹扫捕集利用（　　）等气体连续通入水样或固体样品中，对要分析的组分进行吹扫富集。

A 空气　　B 氮气
C 氦气　　D 氢气
E 氧气

41. 采用吹扫捕集技术对样品进行前处理的优势有（　　）。

A 无需使用有机溶剂　　B 不会带出水蒸气
C 对环境不造成二次污染　　D 受基体干扰小
E 不会破坏气液两相平衡

42. 吹扫捕集时，由于气体的吹扫破坏了密闭容器中两相的平衡，因此待测组分会不断从（　　）。

A 气相进入液相　　B 液相进入气相
C 液相进入固相　　D 固相进入液相
E 固相进入气相

43. 关于物质的量的说法，下列表述正确的有（　　）。

A 是把微观粒子与宏观可称量物质联系起来的一种物理量
B 单位是摩尔
C 表示物质所含微粒数与阿伏伽德罗常数之比
D 计算公式是 $n=N/NA$
E 是表示物质所含微粒数

44. 采样前的准备工作包括（　　）。

A 采样计划的制定　　B 采样容器的选用

C 样品容器的洗涤 D 采样器的洗涤
E 采样人员的安排

45. 二次供水是指供水单位将来自城市公共供水和自建设施的供水，经(　　)后，由供水管道或专用管道向用户供水。
A 储存 B 加压
C 消毒 D 过滤
E 降解

46. 采集(　　)的水样时，应注满容器至溢流并密封保存。
A 溶解氧 B 生化需氧量
C 无机污染物 D 有机污染物
E 化学需氧量

47. 在对供水管网进行采样时，现场常用的样品保存方法有(　　)。
A 冷藏法 B 加入氧化剂
C 加入还原剂 D 冷冻法
E 调节 pH

48. 关于样品前处理，下列说法正确的有(　　)。
A 样品前处理目的是消除共存物质的干扰
B 样品前处理是将被测物质转化为可以进行测定的状态
C 当被测组分含量过低时，样品需富集浓缩后测定
D 当被测组分含量过高时，样品需重新采集测定
E 所有的样品都需要进行前处理

49. 对于滤纸过滤的过程，下列说法正确的有(　　)。
A 滤纸过滤器要用少量纯水润湿 B 滤纸与漏斗之间不能留空隙
C 滤纸漏斗之间不留气泡 D 滤液应低于滤纸边缘
E 滤纸要高于漏斗边缘

50. 滤纸过滤中"三靠"是指(　　)。
A 盛装滤浆的烧杯杯口紧靠玻璃棒 B 玻璃棒停靠在三层滤纸处
C 漏斗末端较长处靠在烧杯内壁 D 漏斗末端较长处在烧杯中间
E 玻璃棒停靠在单层滤纸处

51. 实验室中常见的萃取剂有(　　)。
A 二氯甲烷 B 三氯甲烷
C 正己烷 D 石油醚
E 四氯乙烯

52. 对水样进行消解处理的目的有(　　)。
A 破坏有机质
B 溶解悬浮性固体
C 将各种价态的欲测元素化成单一高价态
D 将各种价态的欲测元素化成易于分离的无机化合物
E 将各种价态的欲测元素化成易于分离的有机化合物

53. 关于硝酸-高氯酸消解法，下列表述正确的有（　　）。
A 该方法适用于80～120℃的消解体系
B 方法中的两种酸都是强氧化性酸
C 将硝酸与高氯酸混合使用，可消解含有难氧化有机物的水样
D 将硝酸与高氯酸混合使用，可消解含有难氧化无机物的水样
E 该方法适用于140～200℃的消解体系

54. 关于干法消解法，下列表述正确的有（　　）。
A 又称干灰化法　　　　　　　　B 不需要溶剂
C 空白值很低　　　　　　　　　D 适合微量元素分析
E 待测物质加热分解、灰化后，再用适当的溶剂溶解

55. 递减称量法适用于称量（　　）的物质。
A 易吸水　　　　　　　　　　　B 易氧化
C 易与二氧化碳反应　　　　　　D 易分解
E 易还原

56. 关于容量瓶的使用，下列说法正确的有（　　）。
A 使用前应进行校准
B 易溶解或不发热的物质可直接转入其中溶解
C 易放热的物质应冷却至室温后再放入其中
D 可以用来配制、储存溶液
E 体积易变化的物质应加入适量溶剂，至体积稳定后再定容

57. 对于滴定管的操作，下列说法正确的有（　　）。
A 滴定管可在用纯水润洗后直接使用
B 洗涤后将操作溶液注入至滴定管零线以上
C 溶液注入后需检查滴定管尖端是否有气泡
D 滴定溶液需直接装入，不能使用漏斗辅助
E 滴定管在放出溶液后需等待1min后再读数

58. 菌种的保藏方法有（　　）。
A 培养基保藏法　　　　　　　　B 液体石蜡保藏法
C 载体法　　　　　　　　　　　D 冷冻法
E 冷藏法

59. 关于细菌分离方法的分区划线接种法，下列说法正确的有（　　）。
A 冷却的接种环需涂布于平板上1/2区域再连续划线
B 接种时划完一个区，需转动平皿180°
C 每一区域的划线均需接触上一区域的接种线3～5次
D 接种环需通过火焰灭菌冷却后，再划另一区域
E 接种完一个区，需转动平皿90°

60. 革兰氏染色的步骤有（　　）。
A 初染　　　　　　　　　　　　B 复染
C 脱色　　　　　　　　　　　　D 媒染

E 浸染

61. 检验试剂与耗材灭菌最常用的方法有（　　）。
A 高压蒸汽灭菌法　　　　　　B 间歇灭菌法
C 烧灼法　　　　　　　　　　D 干热空气灭菌法
E 直接灭菌法

62. 根据产生的原因和性质，误差可分为（　　）。
A 系统误差　　　　　　　　　B 随机误差
C 过失误差　　　　　　　　　D 绝对误差
E 相对误差

63. 关于减少系统误差的方法，下列说法正确的有（　　）。
A 进行仪器校准　　　　　　　B 进行空白试验
C 进行仪器比对　　　　　　　D 进行人员比对
E 进行方法比对

64. 关于误差，下列说法正确的有（　　）。
A 误差是指测定结果与真值之差
B 任何测量结果都有误差
C 误差分为系统误差、随机误差、过失误差
D 误差是可以避免的
E 过失误差是可以避免的

65. 对于内标物的要求，下列说法正确的有（　　）。
A 试样中不可含有内标物
B 内标物的性质应与被测组分的性质相反
C 内标物不应与试样发生化学反应
D 加入内标物的量应接近被测组分的量
E 内标物的响应信号值应在被测组分的响应值附近

66. 实验室内部质量控制方法包括（　　）。
A 质控样分析　　　　　　　　B 加标回收率试验
C 空白试验　　　　　　　　　D 平行样测定
E 人员比对

67. 在实验室内部质量控制方式中，下列关于人员比对说法正确的有（　　）。
A 由两个（组）或两个（组）以上人员完成
B 使用相同的检测方法
C 可使用不同的仪器
D 在相同的设施环境条件下
E 考核的样品可不同

68. 关于参加实验室间比对的积极作用，下列说法正确的有（　　）。
A 确定某个实验室的测量能力
B 监控实验室的持续能力
C 能够识别实验室存在的问题

39

D 能够向客户提供更高的可信度

E 是检测设备量值溯源的一种途径

69. 实验室参加能力验证活动的积极意义在于(　　)。

A 满足监管机构和认证机构的要求

B 确认实验室的管理能力

C 识别检测过程中的问题

D 比较检测方法和程序

E 开展人员上岗培训

70. 采用四分位法评价能力验证结果时,某实验室的检测结果为 $2<|z|<3$,其含义为(　　)。

A 有问题,尚可接受　　　　　　　　B 是可疑结果

C 是不满意结果　　　　　　　　　　D 不满意,不可接受

E 是满意结果

三、判断题

(　　) 1. 称量瓶可用于烘干试样,烘烤时要将磨口塞关闭。

(　　) 2. 砂芯漏斗的过滤效果要优于滤纸的过滤效果。

(　　) 3. 所有玻璃仪器洗涤最后要用去离子水进行润洗。

(　　) 4. 对于急于干燥且不适合烘干的玻璃仪器,可用少量乙醇或丙酮润洗,然后再用吸耳球或吹风机冷风吹干。

(　　) 5. 配套塞、盖的玻璃仪器,必须保持原套装配,不得拆散使用。

(　　) 6. 长期不用的滴定管和分液漏斗应涂抹凡士林后垫纸保存。

(　　) 7. 根据测量原理不同,湿度的测定方法可分为干湿球法和电子式传感器法。

(　　) 8. 天平水平台的作用是确保天平处于水平位置。

(　　) 9. 表层温度计要和水体达到热平衡后才能提出水面观察读数。

(　　) 10. 便携式臭氧仪测试结果通过和内置曲线比对,得出最终结果。

(　　) 11. 从无菌化程度上来说,消毒的要求和操作比灭菌更为严格。

(　　) 12. 使用紫外线消毒和臭氧消毒时,均要注意人员安全,防止对人体皮肤黏膜产生危害。

(　　) 13. 用于无菌操作的玻璃器皿在干热灭菌箱内加热至 160~170℃维持 2h,可杀灭包括芽孢在内的所有微生物。

(　　) 14. 被微生物污染的培养物(阳性结果的样品)必须经 121℃高压蒸汽灭菌 30min 后才能进行后续处置。

(　　) 15. 氮吹仪常见的加热方式有干浴和水浴两种。

(　　) 16. 在水质分析中,氮吹仪可以一定程度上提高样品浓度。

(　　) 17. 为提高浓缩速度,氮吹仪一般配有样品加热装置。

(　　) 18. 氮吹仪必须在通风橱中使用,确保通风良好。

(　　) 19. 固相萃取与液液萃取原理相似,都是依据待测组分在固定相上的吸附能力的不同进行移动和分离。

（　　）20. 固相萃取最终会将待测组分保留在萃取小柱上。
（　　）21. 使用固相萃取仪时，萃取溶剂的选择与萃取小柱的性质无关。
（　　）22. 顶空进样技术在一定程度上避免了有机溶剂对分析造成的干扰。
（　　）23. 作为气相色谱的一种前处理技术，顶空进样是一种直接分析方式。
（　　）24. 吹扫捕集是一种用惰性气体对待测组分进行吹扫富集的方式。
（　　）25. 顶空进样与吹扫捕集都属于气相色谱的前处理技术。其中顶空进样需对两相进行充分平衡，而吹扫捕集不需要。
（　　）26. 吹扫捕集通过连续吹扫液体或固体样品，使挥发性组分进入气相色谱中进行分析。
（　　）27. 标准滴定溶液是指已知准确浓度用于滴定分析的溶液。
（　　）28. 配制标准滴定溶液时，直接配制法的系统误差比间接标定法大。
（　　）29. 蒸馏是蒸发和冷凝两种单元操作的联合。
（　　）30. 蒸馏操作中，通入冷凝管的冷却水应自上向下流动。
（　　）31. 蒸馏结束时，应先关闭冷却水，再停止加热。
（　　）32. 用有机溶剂提取溶解于水中的化合物，分配系数越大，表示该组分越容易进入水相。
（　　）33. 液液萃取操作中，萃取次数的多少主要取决于分配系数的大小，应遵循"少量多次"的原则。
（　　）34. 通常水样消解的方法可分为湿法消解和干法消解。
（　　）35. 干法消解法又称干灰化法，是在一定温度下加热，使待测物质分解、灰化，留下的残渣再用适当溶剂溶解的方法。
（　　）36. 离群值是指样本中的一个或多个观测值离其他观测值距离较大。
（　　）37. 校准曲线是描述待测物质浓度或量与检测仪器响应值或指示量之间定量关系的曲线，分为工作曲线和标准曲线。
（　　）38. 使用校准曲线时，应选用曲线的直线部分和最佳测量范围，并可根据需要外延。
（　　）39. 对待测组分进行定量分析时，内标法相比外标法测定的结果更为准确。
（　　）40. 检出限指某特定分析方法在给定的置信度内可从样品中检出待测物质的最小浓度或量。
（　　）41. 测定下限反映的是分析方法能准确定量测定低浓度水平待测物质的极限值。
（　　）42. 分析人员在检测过程中，可以加入自己配制的质控样来对每批检测质量进行自我控制。
（　　）43. 采用平行试验方法开展内部质控时，每批样品随机抽取 10%～20% 的样品进行平行双样测定即可。
（　　）44. 质控样分析作为实验室内部质控的一种手段，通常采用有证标准样品或已知浓度样品与实际水样同步进行测定。
（　　）45. 水质分析中，购买有证标准溶液（考核盲样）用于内部质控样时，盲样所附证书的标准值及不确定度只是判定参考，当测量结果超出所示范围时，可以人为酌情处理，放宽不确定度值。

四、问答题

1. 分别列举三种以上属于量器类、容器类的玻璃仪器名称。
2. 实验室中的普通试剂分为几级？简述它们的名称、符号及标签的颜色。
3. 对下列有效数字进行修约：
   (1) 将 12.3 修约到个位数；
   (2) 将 12.6 修约到个位数；
   (3) 将 10.501 修约到个位数；
   (4) 将 11.551 修约到小数点后一位；
   (5) 将 10.500 修约到个位数。
4. 要配制 0.15mol/L 的 NaCl 溶液 500mL，需要 0.25mol/L 的 NaCl 溶液多少升？
5. 简述测量不确定度的 A 类评定和 B 类评定的含义。
6. 简述无氯水、无氨水的制备方法。
7. 使用滤纸进行过滤操作的注意事项有哪些？
8. 简述分析化学中使用的基准物质应符合哪些要求？
9. 简述容量瓶使用的注意事项。
10. 简述细菌分离操作中分区划线接种的过程。

第4章 理化分析

一、单选题

1. 滴定分析法是将一种已知准确浓度的试液，通过滴定管滴加到被测物质的溶液中，直到物质间的反应达到（　　）时，根据所用试剂溶液的浓度和消耗的体积，计算被测物质含量的方法。
    A 滴定终点　　　B 滴定突跃点　　　C 中性点　　　D 化学计量点
2. 当所加的试剂溶液与被测物质按确定的化学计量关系恰好完全反应时，称为（　　）。
    A 化学计量点　　B 滴定终点　　　C 滴定突跃点　　D 化学终点
3. （　　）与化学计量点在实际滴定操作中不完全一致造成的分析误差称为滴定误差。
    A 反应终点　　　B 滴定终点　　　C 中性点　　　D 滴定突跃点
4. 酸碱滴定是利用（　　）的颜色突变来指示滴定的终点。
    A 溶液　　　　　B 反应物　　　　C 生成物　　　D 指示剂
5. 当溶液的pH改变到一定的范围时，指示剂颜色发生变化。以甲基橙作为酸碱指示剂，甲基橙的离解常数为3.4，则该指示剂的理论变色范围为（　　）。
    A 3.4～4.4　　　B 2.4～3.4　　　C 2.4～4.4　　　D 3.0～4.0
6. 强酸滴定强碱，适合选用（　　）做指示剂。
    ①酚酞；②甲基红；③甲基橙；④石蕊；⑤百里酚蓝
    A ①②　　　　　B ②④　　　　　C ③⑤　　　　　D ④⑤
7. 滴定弱酸，适合选用（　　）做指示剂。
    A 石蕊　　　　　B 甲基红　　　　C 甲基橙　　　D 酚酞
8. 指示剂过量，会产生滴定误差。指示剂用量通常控制在被滴定溶液体积的（　　）%。
    A 0.1　　　　　B 0.2　　　　　C 0.3　　　　　D 0.4
9. 当溶液中某难溶电解质的离子浓度乘积（　　）其溶度积时，就能生成沉淀。
    A 等于　　　　　B 大于　　　　　C 小于　　　　　D 大于等于
10. 摩尔法是以（　　）为指示剂，用硝酸银做标准溶液测定卤化物的方法。
    A 铬酸钾　　　B 重铬酸钾　　　C 铬酸钠　　　D 重铬酸钠
11. EDTA配位滴定法中，最常用的指示剂是（　　）。
    A 酸碱指示剂　　B 金属指示剂　　C 氧化还原指示剂　D 自身指示剂
12. 下列滴定法中，（　　）可用于测定各种变价元素及其化合物的含量。
    A 酸碱　　　　　B 沉淀　　　　　C 配位　　　　　D 氧化还原
13. 氧化还原滴定法根据（　　）的突跃变化来选择指示剂，指示反应的终点。

43

A 电位   B 氧化势   C 反应物浓度   D 生成物浓度

14. 测定水中高锰酸盐指数，使用的指示剂属于（　　）指示剂。
A 自身   B 特效   C 酸碱   D 还原

15. 间接碘量法，使用的淀粉属于（　　）指示剂。
A 自身   B 酸碱   C 金属   D 特效

16. 下列滴定分析方法中，不属于氧化还原滴定法的是（　　）。
A 高锰酸钾法   B 银量法   C 重铬酸钾法   D 碘量法

17. 水中化学需氧量的测定属于（　　）。
A 重铬酸钾法   B 高锰酸钾法   C 直接碘量法   D 间接碘量法

18. 水中溶解氧的测定属于（　　）。
A 高锰酸钾法   B 重铬酸钾法   C 直接碘量法   D 间接碘量法

19. 通过称量有关物质质量来确定被测组分含量的分析方法被称为（　　）。
A 重量法   B 容量法   C 滴定法   D 比重法

20. 重量法根据被测组分与其他组分（　　）方法的不同，分为沉淀法和气化法。
A 称量   B 分析   C 分离   D 计算

21. 在沉淀法对沉淀和称量的要求中，下列说法错误的是（　　）。
A 沉淀的溶解度要小   B 沉淀应有确定的组成
C 沉淀纯度要高，性质较稳定   D 沉淀颗粒应尽可能较小

22. 有色溶液显示的是（　　）的颜色。
A 复合光   B 被吸收光的互补光
C 被吸收光   D 透射光

23. 在比色分析中，（　　）不是影响显色反应的因素。
A 显色剂用量   B 酸度   C 湿度   D 显色时间

24. （　　）的变化一般不影响分光光度法的测量结果。
A 溶液酸度   B 显色温度   C 显色时间   D 试剂空白

25. 当（　　）通过某均匀溶液时，溶液对光的吸收程度与液层厚度和溶液浓的乘积成正比，这称为朗伯-比尔定律。
A 自然光   B 复合光   C 单色光   D 平行光

26. 目视比色法操作时，实验人员应（　　）观测。
A 从正上方向下   B 平视   C 从正下方向上   D 从任意方向

27. 分光光度计主要由光源、（　　）、样品吸收池、检测器和信号处理及输出系统5部分组成。
A 光栅   B 棱镜   C 单色器   D 分光系统

28. 在紫外-可见分光光度计中，用于可见光区的热辐射光源，常见的有钨丝灯和（　　）。
A 氢灯   B 卤钨灯   C 氘灯   D 空心阴极灯

29. 分光光度计分光系统的主要构件是（　　），其作用是把光源发出的连续光谱色散，分离得到所需单色光。
A 单色器   B 光电倍增管   C 吸收池   D 光电池

30. 紫外-可见分光光度计中，常用的色散元件有棱镜和（　　）。
  A 单色器   B 光栅   C 切光器   D 光束分裂器
31. 分光光度计的（　　）是用以盛放待测溶液和决定透光层厚度的器件。
  A 分光系统   B 单色器   C 样品吸收池 D 检测器
32. 根据光学透光面的材质，比色皿可分为光学玻璃比色皿和（　　）两种。
  A 普通比色皿 B 磨砂比色皿 C 耐腐蚀比色皿 D 石英比色皿
33. 使用比色皿进行吸光度测定时，显色液注入体积约为比色皿的（　　）为宜。
  A 20%～30%   B 40%～50% C 70%～80%   D 100%
34. 分光光度计中，（　　）是将透过吸收池的光信号转变为可测量的电信号的光电转换元件。
  A 检测器   B 抑制器   C 单色器   D 接收器
35. 单光束分光光度计和双光束分光光度计的差异是由（　　）结构的不同造成的。
  A 切光器   B 分光系统 C 单色器   D 光源
36. 分光光度计的种类很多，总体可以归纳为单光束、（　　）、双波长分光光度计三种。
  A 单波长   B 双光束   C 三光束   D 可见光
37. 双波长分光光度法的定量分析依据是：样品溶液对两个波长λ_1和λ_2光束吸光度的（　　）与溶液中待测物浓度成正比。
  A 加和   B 乘积   C 差值   D 比值
38. 直接电位分析法是根据指示电极与参比电极间的（　　）与被测离子浓度间的函数关系直接测出该离子浓度的分析方法。
  A 电导差   B 电阻差   C 电流差   D 电位差
39. 玻璃电极对溶液中的（　　）有选择性响应，可以用来测定溶液中该离子浓度，即pH。
  A Na^+ B Cl^- C H^+ D OH^-
40. 由于（　　）会影响能斯特方程的斜率，因此测定pH时需要进行补偿。
  A 温度   B 离子强度 C 酸度   D 缓冲溶液浓度
41. 普通玻璃电极只适用于pH（　　）的溶液，否则会造成测定结果偏低。
  A <7   B >7   C <10   D >10
42. 使用玻璃电极法测定水中pH，错误的操作是（　　）。
  A 玻璃电极和复合电极在使用前应放入纯水中浸泡
  B 测定前应用接近水样pH的标准缓冲溶液对仪器和电极进行检查定位
  C 测定pH需要进行温度补偿
  D 复合电极内应始终保持一定量的饱和氯化钠溶液
43. 下列对玻璃电极的维护保养，错误的操作是（　　）。
  A 电极表面需保持清洁   B 如有污物，可用铬酸洗液清洗
  C 清洗后，应将电极浸入蒸馏水中   D 电极不能长期浸泡于碱性溶液中
44. 水中可溶性盐类大多数以水合离子形式存在，离子在外加电场的作用下具有导电作用，其导电能力的强弱可以用（　　）来表示。

A 电导率　　　　　B 电阻率　　　　　C 电势差　　　　　D 电压降

二、多选题

1. 适于滴定分析的化学反应必须具备的条件有（　　）。
   A 必须为氧化还原反应　　　　　B 反应能定量完成
   C 反应能快速完成　　　　　　　D 反应可指示
   E 无任何副反应发生

2. 滴定分析中的直接滴定法不适用时，可采用（　　）进行分析。
   A 返滴定法　　　　　　　　　　B 电位滴定法
   C 置换滴定法　　　　　　　　　D 间接滴定法
   E 沉淀滴定法

3. 根据反应类型的不同，滴定分析法可分为（　　）。
   A 置换滴定法　　　　　　　　　B 酸碱滴定法
   C 沉淀滴定法　　　　　　　　　D 配位滴定法
   E 氧化还原滴定法

4. 酸碱指示剂一般为（　　），从溶液中离解出来的酸式和碱式结构具有不同的颜色。
   A 无机弱酸　　　　　　　　　　B 无机弱碱
   C 有机弱酸　　　　　　　　　　D 有机弱碱
   E 金属离子

5. 强酸滴定弱碱，适合选用（　　）作指示剂。
   A 酚酞　　　　　　　　　　　　B 甲基橙
   C 甲基红　　　　　　　　　　　D 淀粉
   E 石蕊

6. 沉淀滴定反应必须要满足的条件有（　　）。
   A 沉淀物颗粒足够大　　　　　　B 反应生成的沉淀有一定的组成
   C 沉淀生成速度较快　　　　　　D 沉淀物溶解度很小
   E 有确定的化学计量点

7. 摩尔法在水质分析中常用于（　　）等的测定。
   A 银离子　　　　　　　　　　　B 氟离子
   C 氯离子　　　　　　　　　　　D 溴离子
   E 碘离子

8. 沉淀滴定法测定水中氯化物时，滴定误差的来源有（　　）。
   A 溶液的酸碱度　　　　　　　　B 溶液的色度
   C 指示剂的用量　　　　　　　　D 沉淀物颗粒大小
   E 氯化物浓度

9. 沉淀滴定法测定水中氯化物时，下列描述正确的有（　　）。
   A 该反应须在中性或弱碱性溶液中进行
   B 如果溶液呈酸性，可以用碳酸氢钠或氨水中和
   C 滴定过程尽可能多滴加指示剂

D 氯化物浓度小于 5mg/L 时应当使用硝酸高汞滴定
E 氯化物浓度大于 80mg/L，应当首先稀释水样，再进行滴定

10. 配位滴定反应必须要满足的条件有（　　）。
A 形成的配位化合物必须很稳定
B 形成的配位化合物能溶于水
C 反应速度应足够快
D 反应必须按一定的计量关系进行
E 反应需有适当的方式指示化学计量点

11. 在 EDTA 配位滴定中，（　　）可消除干扰，使反应定量进行。
A 控制 EDTA 的浓度　　　　　　　B 选择适合的指示剂
C 控制配位反应的 pH　　　　　　　D 选择适合的掩蔽剂
E 煮沸去除 EDTA 中的二氧化碳

12. EDTA 配位滴定中，金属指示剂应具备的条件有（　　）。
A 指示剂及指示剂与金属离子形成的配位化合物必须有不同的颜色
B 指示剂与金属离子生成的配位化合物有足够的稳定性
C 指示剂的变色范围应在 EDTA 和金属离子形成配位化合物所选择的 pH 范围内
D 指示剂的稳定性要比该金属离子生成的配位化合物的稳定性高
E 指示剂的稳定性要比该金属离子生成的配位化合物的稳定性差

13. 氧化还原滴定法中，常用的指示剂有（　　）。
A 石蕊　　　　　　　　　　　　　　B 酚酞
C 重铬酸钾　　　　　　　　　　　　D 高锰酸钾
E 淀粉

14. 一般可将氧化还原滴定法分为（　　）几类。
A 摩尔法　　　　　　　　　　　　　B 高锰酸钾法
C 碘量法　　　　　　　　　　　　　D 重铬酸钾法
E 铬酸钾法

15. 标定高锰酸钾标准溶液时，正确的操作有（　　）。
A 可将溶液加热至 60～80℃条件下滴定
B 开始滴定时速度应较快
C 尽可能多滴加指示剂
D 可于滴定前加入几滴硫酸锰作为催化剂
E 溶液中出现的粉红色在 0.5～1min 内不褪色，可认为已经到达滴定终点

16. 关于沉淀法对沉淀和称量的要求，下列说法正确的有（　　）。
A 沉淀应有明确的组成，必须与化学式相符
B 沉淀纯度要高，性质较稳定，不易受空气中水分、CO_2 和 O_2 的影响
C 沉淀的摩尔质量要尽可能小，以减少称量误差
D 沉淀的溶解度要小
E 沉淀易于过滤和洗涤

17. 气化质量法可以用于测定样品的（　　）。

47

A 组分 B 水分
C 灰分 D 挥发分
E 残渣

18. 关于比色分析法选择显色剂应具备的条件,下列说法正确的有(　　)。
A 生成的有色配位化合物的摩尔消光系数要大
B 生成的有色配位化合物的解离常数要大
C 生成的有色配位化合物的解离常数要小
D 生成的有色配位化合物的组成要恒定
E 生成的有色配位化合物的摩尔消光系数要小

19. 在比色分析中,影响显色反应的因素有(　　)。
A 显色剂用量 B 酸度
C 温度 D 显色时间
E 存在的干扰离子

20. 紫外-可见分光光度计中常见的光源有(　　)。
A LED光源 B 热辐射光源
C 锐线光源 D 激发光源
E 气体放电光源

21. 关于分光光度计比色皿,下列说法正确的有(　　)。
A 比色皿一般为长方体,四面均为光学透光面
B 比色皿不可加盖,因此不可用于测定易挥发溶液
C 比色皿可分为光学玻璃比色皿和石英比色皿两种
D 比色皿不可长时间盛放含有腐蚀性物质的溶液
E 比色皿不得在火焰或电炉上加热、烘烤

22. 单波长双光束分光光度计最大的优点是克服了(　　)带来的测量误差。
A 光源不稳定 B 电压不稳定
C 电流不稳定 D 检测系统不稳定
E 试剂空白不稳定

23. 玻璃电极法测定水样pH时,主要影响因素有(　　)。
A 温度 B 玻璃电极上的玻璃膜
C 标准缓冲溶液 D 离子强度
E 玻璃电极适用范围

24. 下列溶液中,可作为pH标准缓冲溶液的有(　　)。
A 乙二胺四乙酸 B 四硼酸钠
C 混合磷酸盐 D 苯二甲酸氢钾
E 重铬酸钾

25. 关于电化学分析法在水质分析中的应用,下列说法正确的有(　　)。
A 水中pH的测定使用的是直接电位法
B 水中pH的测定使用的是直接电导法
C 水的电导率的测定使用的是直接电导法

D 电位滴定法利用指示电极的电位变化代替指示剂判断滴定终点
E 电位滴定法在酸碱滴定、氧化还原滴定、沉淀滴定及配位滴定中均可运用

26. 关于水中电导率的测定，下列说法正确的有（　　）。
A 溶液的电导率受温度影响不大，测定时不需要进行温度校正
B 溶液的电导率受温度影响较大，测定时通常以 25℃为基准温度进行温度校正
C 若待测溶液温度较低，使用温度补偿会产生较大补偿差，可将溶液加热至 25℃左右再进行测定
D 电阻 R 反应溶液的导电能力，溶液的电阻越小，导电能力越小
E 水的电导率表示水中离子在外加电场作用下导电能力的强弱

三、判断题

（　）1. 酸碱滴定法是利用酸和碱中和反应的容量分析方法。
（　）2. 酸碱指示剂的结构可随溶液 pH 的改变而变化。
（　）3. 酸碱指示剂的变色范围越宽越好。
（　）4. 通常一种沉淀剂可与一种同时存在的离子生成难溶解的电解质。
（　）5. 配位滴定法中，稳定常数（$K_稳$）用于衡量配位化合物稳定性大小。稳定常数越大，表示配位化合物的电离倾向越大，该配位化合物越不稳。
（　）6. 配位滴定法中，一种金属离子与配位剂反应可生成多种配位离子，且反应常常同步进行。
（　）7. 配位化合物稳定性越大，pH 对配位化合物稳定性的影响越小。
（　）8. 配位滴定中，金属指示剂也是一种配位剂，能与金属离子生成与其原来颜色不同的配位化合物，从而指示化学计量终点。
（　）9. 配位滴定中，金属指示剂的稳定性要比其与待测金属离子生成的配位化合物稳定性大。
（　）10. 直接碘量法是利用 I_2 的氧化性进行滴定的方法。
（　）11. 重量分析法与滴定分析法相比，具有不需要与基准试剂或标准物质进行比较，获得结果的途径更为直接的特点。
（　）12. 重量分析法适用于低含量组分分析。
（　）13. 比色分析法分为目视比色法和分光光度法。
（　）14. 温度对所有显色反应都具有决定性作用。
（　）15. 拿取比色皿时，光学透光面和毛玻璃区域均可用手指直接接触。
（　）16. 含有腐蚀性物质（如 F^-、$SnCl_2$、H_3PO_4 等）的溶液不可长时间盛放在比色皿中等待测量。
（　）17. 亟待使用的比色皿若水渍未干，可以放在火焰或电炉上进行加热、烘烤。
（　）18. 分光光度计常用的检测器产生的电信号必须与照到它上面的光强度成正比。

四、问答题

1. 简述滴定分析法的基本原理。

2. 滴定误差的定义及产生原因主要是什么？

3. 简述酸碱指示剂的变色原理。

4. 简述沉淀滴定法的基本原理。

5. 简述配位滴定法的基本原理。

6. 写出测定水中高锰酸盐指数的方法原理及反应方程式。

7. 氧化还原滴定中碘量法的分类及原理分别是什么？

8. 重量分析法一般分为哪两类？请简述沉淀法的原理。

9. 请结合朗伯-比尔定律的公式解释其含义。

10. 简述 3,3',5,5'-四甲基联苯胺比色法测定水中总余氯、游离余氯及化合余氯的原理及测量步骤。

11. 分光光度计一般由哪几个部分组成？简要说明每部分的作用。

12. 日常水质分析中可使用电化学分析法进行检测的参数有哪些（请列举至少三个）？任选一个参数简要介绍其测量原理。

第5章 仪器分析

一、单选题

1. 以连续波长的红外线为光源照射样品,实现分子( )能级的跃迁,所得的吸收光谱即为红外吸收光谱。
   A 平动和转动　　B 振动和平动　　C 振动和转动　　D 震动和转动

2. 与其他光谱法相比较,下列不属于红外吸收光谱法特点的是( )。
   A 定性能力强　　　　　　　　B 制样简单,测定方便
   C 分析时间短　　　　　　　　D 特征性强,可鉴定同位素

3. 红外光谱仪一般由光学系统和电学系统两部分组成,其中光学系统包括光源、( )、样品池和检测器等。
   A 单色器　　　B 探测器　　　C 微处理器　　　D 调制器

4. 水质检测中常使用红外分光光度法测定( )。
   A 挥发酚　　　　　　　　　　B 油类
   C 挥发性有机物　　　　　　　D 阴离子合成洗涤剂

5. 红外光谱检测的样品可以是( )。
   ①固体;②气体;③液体
   A ①②　　　B ①③　　　C ②③　　　D ①②③

6. 溶液法制备液体红外光谱检测样品时,要将溶液样品溶于适当的红外检测用溶剂中,下列不应作为红外检测用溶剂的是( )。
   A 水　　　B 三氯甲烷　　　C 四氯化碳　　　D 四氯乙烯

7. 使用红外分光光度法对水中油类物质进行测定时,动植物油类的含量为油类与石油类含量的( )。
   A 乘积　　　B 商　　　C 和　　　D 差

8. 原子吸收分光光度法是基于待测元素的( )原子蒸气对其特征谱线吸收,由特征谱线的特征性和谱线被减弱的程度对待测元素进行定性定量分析的一种光谱分析方法。
   A 基态　　　B 激发态　　　C 电离态　　　D 高能态

9. 原子吸收分光光度法是测定基态原子对光辐射能的( )吸收。
   A 特征　　　B 共振　　　C 谱线　　　D 辐射

10. 原子吸收光谱法依据( )方式的不同,可以分为火焰原子吸收光谱法和无火焰原子吸收光谱法两类。
    A 进样　　　B 燃烧　　　C 激发　　　D 原子化

11. 现代原子吸收光谱仪大多采用( )装置进行分光。
    A 切光器　　　B 棱镜　　　C 狭缝　　　D 光栅

12. 在保证放电稳定和合适光强输出的条件下，原子吸收光谱仪的空心阴极灯尽量选用较低的工作电流，一般不超过最大允许值的（　　）。
   A　1/2　　　　　　B　2/3　　　　　　C　3/4　　　　　　D　4/5
13. 原子吸收光谱仪的空心阴极灯所发射的谱线强度及宽度主要与灯的（　　）有关。
   A　工作电流　　　B　工作电压　　　C　材质　　　　　D　预热时间
14. 原子吸收光谱的火焰原子化法是利用（　　）使试样转化为气态原子。
   A　电加热　　　　B　化学还原　　　C　火焰热能　　　D　氧化还原
15. 原子吸收光谱仪的预混合型燃烧器的供气速度（　　）燃烧速度时，会引发"回火"现象。
   A　小于　　　　　B　等于　　　　　C　大于　　　　　D　大于等于
16. 原子吸收光谱仪使用的空气-乙炔火焰对波长在230nm以下的辐射有明显的吸收，会使（　　）。
   A　噪声增大　　　B　谱线漂移　　　C　光源波动　　　D　原子化效率降低
17. 为防止样品及石墨炉本身被氧化，石墨炉原子吸收光谱仪的检测过程要在惰性气体中进行，但为了捕捉完整的信号，（　　）阶段需停止通入惰性气体。
   A　净化　　　　　B　灰化　　　　　C　原子化　　　　D　干燥
18. 石墨炉原子化器使用较大的（　　）通过石墨炉腔加热石墨管，使待测样品蒸发和原子化。
   A　电压　　　　　B　电流　　　　　C　磁场　　　　　D　电阻
19. 原子吸收光谱仪中，光源在（　　）作用下产生光谱分裂的现象称为塞曼效应。
   A　强电压　　　　B　强电流　　　　C　强辐射　　　　D　强磁场
20. 应使用（　　）对石墨炉原子吸收光谱仪的石墨炉体进行冷却，以免形成难以清除的水垢。
   A　自来水　　　　B　去离子水　　　C　1+9水硝酸　　D　矿泉水
21. 原子荧光产生于光致激发，即基态原子吸收了特定波长的辐射能量后，原子外层的电子由基态跃迁到（　　），该状态下原子很不稳定，在极短时间内会自发地以光辐射形式发射原子荧光释放能量，回到基态。
   A　量子态　　　　B　电离态　　　　C　激发态　　　　D　辐射态
22. 原子荧光光谱仪的最常见的激发光源是（　　）。
   A　等离子体光源　　　　　　　　　　B　氙灯连续光源
   C　无极放电灯　　　　　　　　　　　D　高强度空心阴极灯
23. 原子荧光光谱仪中应用最广泛的原子化器是（　　）。
   A　电热石英氩-氢火焰原子化器　　　B　阴极溅射原子化器
   C　无火焰原子化器（石墨炉）　　　　D　等离子体原子化器
24. 氢化物发生-原子荧光光谱分析法适用于某些碳、氮、氧族元素的测定，它们的氢化物是共价化合物，通常为气态且具有挥发性，激发辐射大都落在（　　）区域。
   A　近紫外光谱　　B　远紫外光谱　　C　近红外光谱　　D　远红外光谱
25. 关于原子荧光光谱仪的日常维护，下列说法错误的是（　　）。
   A　仪器不使用时，压块应保持紧压泵管，以免进样管路中产生气泡

B 仪器应放置在通风良好的区域,避免氢化物对人体产生毒害
C 应定期给进样器导轨涂抹润滑油,以免环境空气酸度过大造成腐蚀
D 检测结束后应使用纯水清洗整个进样系统

26. 气相色谱法是利用物质在两相中(　　)的不同进行分离的方法。
   A 分配系数　　　B 分离系数　　　C 平衡系数　　　D 平衡常数

27. 在没有已知物对照时,气相色谱法无法直接测定待测物的(　　)。
   A 峰面积　　　B 定性结果　　　C 峰高　　　D 保留时间

28. 气相色谱法可以用来分离组分极其复杂的混合物,如(　　)。
   A 抗生素　　　B 全氟化合物　　　C 亚硝胺类物质　　　D 石油类

29. 载气在气相色谱仪各部件中通过的正确顺序是(　　)。
   ①气体净化管;②色谱柱;③进样系统;④检测系统
   A ①③②④　　　B ③①④②　　　C ③④②①　　　D ①②③④

30. 气相色谱仪中的火焰光度检测器需使用空气作为(　　)。
   A 隔垫吹扫气　　　B 燃气　　　C 助燃气　　　D 尾吹气

31. 气相色谱仪采用毛细管柱进行分流进样时,若分流出口的流量为30mL/min,通过色谱柱的流量为1mL/min,则其分流比为(　　)。
   A 1∶30　　　B 30∶1　　　C 1∶31　　　D 31∶1

32. 气相色谱仪中(　　)系统的部件是色谱柱。
   A 进样　　　B 分离　　　C 温控　　　D 检测

33. 作为气相色谱分析中常用的检测器之一,电子捕获检测器属于(　　)检测器。
   A 通用型　　　B 热导池　　　C 质量型　　　D 浓度型

34. 在气相色谱分析中,当被分离样品为极性和非极性混合物时,一般优先选择(　　)色谱柱。
   A 极性　　　B 非极性　　　C 正相　　　D 反相

35. 气相色谱仪使用氢火焰离子化检测器时,其空气、载气、氢气的比例通常为(　　)。
   A 10∶1∶1　　　B 1∶1∶10　　　C 2∶2∶8　　　D 2∶8∶2

36. 毛细管柱气相色谱的衬管变脏时,会致使(　　)。
   A 色谱柱温度变高　　　B 色谱峰峰型变差
   C 仪器灵敏度变高　　　D 色谱峰面积变大

37. 当确定气相色谱仪中电子捕获检测器(ECD)基线噪声升高非系统漏气造成时,可采用(　　)的方法来解决该问题。
   A 热清洗检测器　　　B 更换泵管　　　C 清理模块接口　　　D 更换放射源

38. 当气相色谱图的色谱峰出现"鬼峰"时,除要检查更换衬管外,还应(　　)。
   A 更换衬管上端的"O"形密封圈　　　B 对色谱柱进行老化
   C 降低色谱柱温　　　D 降低载气流量

39. 液相色谱的分离是组分、流动相与(　　)共同作用的结果。
   A 检测器　　　B 温度　　　C 固定相　　　D 载气

40. 液相色谱仪使用的溶剂纯度一般为(　　)。

A 分析纯　　　　B 优级纯　　　　C 化学纯　　　　D 色谱纯

41. 液相色谱仪常用的高压输液泵为（　　）泵。
A 恒温　　　　　B 恒流　　　　　C 恒压　　　　　D 恒容

42. 液相色谱中，（　　）色谱柱固定相的极性大于流动相的极性。
A 极性　　　　　B 非极性　　　　C 正相　　　　　D 反相

43. 液相色谱中，溶剂将组分从色谱柱上洗脱下来的能力与流动相（　　）相关。
A 极性　　　　　B 温度　　　　　C 流速　　　　　D 比例

44. 液相色谱在使用过程中应注意防止（　　）而产生漏液现象。
A 温度过高　　　B 流速过慢　　　C 溶剂过多　　　D 压力过高

45. 液相色谱在使用缓冲盐溶液作为流动相之后要用（　　）冲洗管路，避免盐沉淀。
A 甲醇　　　　　B 1:1异丙醇水　　C 75%乙醇溶液　　D 纯水

46. 为防止空气中的（　　）进入淋洗液而改变其pH，离子色谱仪的淋洗液瓶须为封闭式结构。
A 氧气　　　　　B 氮气　　　　　C 二氧化碳　　　D 一氧化碳

47. 离子色谱仪的自动进样方式一般采用（　　）和自动进样器配合使用。
A 闸阀　　　　　B 三通进样阀　　C 四通进样阀　　D 六通进样阀

48. 下列（　　）因素的改变会影响离子色谱仪分离柱的分离效果，因此需要对其进行控制。
A 柱温　　　　　B 淋洗液温度　　C 待测样温度　　D pH

49. 在离子色谱泵的使用过程中如产生气泡，应当先停机（　　），再对淋洗液加压可排除泵内气泡。
A 对淋洗液真空脱气　　　　　　　B 检查活塞
C 更换密封圈　　　　　　　　　　D 检查单向阀

50. 使用气相色谱-质谱联用仪检测样品，样品经气相色谱仪分离后进入质谱的离子源，通过离子化产生的离子按照（　　）的大小顺序通过质量分析器，在给定的范围内被检测器测量出来。
A 所带电荷　　　B 质荷比　　　　C 质量　　　　　D 相对质量

51. 关于气相色谱-质谱联用仪所需气体和管路的要求，下列说法错误的是（　　）。
A 载气必须是化学惰性对质谱检测无干扰
B 一般采用纯度≥99.999%的氩气作为载气
C 气相色谱-质谱联用仪的管路必须经过严格净化处理后才能使用
D 应使用净化管去除气体中的水分、烃类、氧气等杂质

52. 气相色谱-质谱联用仪使用最广泛的质量分析器是（　　）。
A 四级杆质量分析器　　　　　　　B 磁单聚焦质量分析器
C 飞行时间质量分析器　　　　　　D 离子肼质量分析器

53. 关于气相色谱-质谱联用法中全扫描模式（SCAN）和选择性离子扫描模式（SIM），下列说法错误的是（　　）。
A SIM模式测定的灵敏度常高于SCAN模式
B SCAN模式下，质谱对给定质荷比范围内的所有离子进行扫描

C SIM模式下，质谱只对设定的一个或数个质荷比的离子进行扫描
D SCAN模式常用于定量分析，SIM模式主要用于定性分析

54. 关于气相色谱-质谱联用仪仪器调谐的说法，下列说法错误的是(   )。
A 仪器调谐是对质谱仪参数进行优化的过程
B 仪器开机后，即可立即进行调
C 调谐一般包括自动调谐和手动调谐两种方式
D 全氟三丁胺（PFTBA）是EI离子源最常使用的调谐化合物

55. 气相色谱-质谱联用常用的测定方法中，可用于定性和定量分析的是(   )。
A 总离子流色谱法　　　　　　B 质量色谱法
C 选择性离子监测法　　　　　D 提取离子色谱法

56. 气相色谱-质谱联用常用的测定方法中，不属于全扫描模式（SCAN）的是(   )。
A 总离子流色谱法　　　　　　B 质量色谱法
C 选择性离子监测法　　　　　D 提取离子色谱法

57. 关于气相色谱-质谱联用的定性分析方法，下列说法错误的是(   )。
A 一般通过质谱谱库检索和解析对组分进行定性
B 只有在标准电离条件下测定的质谱图才能进行谱库检索定性
C 不同组分同时流出会影响组分的定性
D 同分异构体可以由谱库检索进行定性

58. 关于气相色谱-质谱联用的定量分析方法，下列说法错误的是(   )。
A 定量分析方法的选择需先根据样品浓度确定扫描模式
B 样品浓度较低时用全扫描模式，浓度较大时用选择性离子扫描模式
C 全扫描模式时，被测组分完全分离，可用总离子流色谱法定量
D 选择性离子扫描模式定量的灵敏度和选择性主要取决于定量离子的选择

59. 使用气相色谱-质谱联用法测定样品，对质谱仪条件进行设置时，下列说法错误的是(   )。
A 应根据样品中待测组分的相对分子质量范围设定合适的扫描范围
B 应设置合理的溶剂延迟时间，避免对灯丝的损害
C 灯丝电流小，仪器灵敏度低，因此应选择尽可能大的灯丝电流
D 在仪器灵敏度满足要求的情况下，应使用较低的倍增器电压，以保护倍增器，延长使用寿命

60. 液相色谱-质谱联用仪中的液相色谱起(   )作用。
A 分离　　　　B 检测　　　　C 电离　　　　D 解离

61. 液相色谱-质谱联用仪的核心是(   )，其作用是将样品中原子、分子电离成离子。
A 流动相　　　B 离子检测器　　C 质量分析器　　D 离子源

62. 在液相色谱-质谱联用仪中，(   )电离源适于分析极性强的大分子化合物。
A 大气压　　　B 化学　　　　C 大气压化学　　D 电喷雾

63. 液相色谱-质谱联用仪中，具有针状电晕放电电极的是(   )电离源。

A 大气压化学　　B 化学　　C 电喷雾　　D 电轰击

64. 在液相色谱-质谱联用仪中，质量分析器的作用是（　　）。
A 将样品进行气化　　　　　　B 将样品进行电离
C 将离子源产生的离子按质荷比分开　　D 将检测信号放大

65. 液相色谱-质谱联用仪中，四级杆质量分析器由四根平行且两两对称的杆状电极组成，相邻两个电极之间，（　　）。
A 电压大小相等，极性相同　　B 电压大小不等，极性相同
C 电压大小相等，极性相反　　D 电压大小不等，极性相反

66. 在液相色谱-质谱联用仪的磁单聚焦质量分析器中，相同质荷比的离子束进入分析器入射狭缝时，各离子的运动轨迹是（　　）的。
A 发散　　B 相同　　C 平行　　D 相反

67. 在液相色谱三重四级杆质谱的工作模式中，（　　）用于检测离子流中各离子质荷比和强度，可进行初步定性。
A 全扫描　　B 选择离子监测　　C 子离子扫描　　D 母离子扫描

68. 液相色谱三重四级杆质谱的工作模式中，（　　）可得到母离子碎片信息，从而了解母离子结构。
A 全扫描　　B 选择离子监测　　C 子离子扫描　　D 母离子扫描

69. 液相色谱-质谱联用仪在（　　）时，通过一系列已知质荷比的标准物质引入质谱并产生离子，调整离子光学组件电压，设置检测增益，以使仪器达到最佳信号强度。
A 扫描　　B 调谐　　C 电离　　D 监测

70. 液相色谱-质谱联用仪的流动相一般不使用（　　）溶液。
A 甲酸水　　B 乙酸铵　　C 硫酸　　D 乙腈

71. ICP-MS 是以（　　）为离子源，用质谱仪进行检测的方法。
A 电喷雾电离源　　　　B 大气压化学电离源
C 放电型离子源　　　　D 电感耦合等离子体

72. ICP-MS 中（　　）的工作原理是利用气流的机械力产生气溶胶，较大的雾粒通过雾室去除，仅允许直径小于 $10\mu m$ 的雾滴进入等离子体。
A 蠕动泵　　B 预混合室　　C 气动雾化器　　D 雾室

73. 在 ICP-MS 使用的雾化器中，同心雾化器的使用最为广泛，一般适用于（　　）的样品。
A 较干净　　B 含盐量较高　　C 含有悬浮物　　D 杂质较多

74. ICP-MS 中通入矩管的工作气体多为（　　），它作为惰性气体相对便宜且易于获得高纯度。
A 氮气　　B 氩气　　C 氦气　　D 氖气

75. ICP-MS 气路系统的主要作用不包括（　　）。
A 提供电离能　　B 保护矩管　　C 输送样品　　D 防止短路

76. ICP-MS 中的采样锥通常由 Ni、Al、Cu 和 Pt 等金属制成，其中（　　）锥用得最多。
A Ni　　B Al　　C Cu　　D Pt

77. ICP-MS 中（　　）的作用是把来自等离子体中心通道的载气流，即大部分离子流吸入锥孔，进入第一级真空室。
A 离子采样接口　　B 离子聚焦系统　　C 采样锥　　D 截取锥

78. ICP-MS 的质量分析器位于离子光学系统和检测器之间，用（　　）保持高真空度。
A 无油真空泵　　B 涡轮分子泵　　C 水环真空泵　　D 往复泵

79. ICP-MS 的质量分析器的作用是将离子按照其（　　）进行分离。
A 电离电位　　B 质荷比　　C 相对原子质量　　D 电子数

80. ICP-MS 系统采用的检测器将离子转换为（　　），其大小与样品中的分析离子的浓度成正比。
A 峰高　　B 峰面积　　C 离子脉冲　　D 电子脉冲

81. ICP-MS 一般配有自动校准程序，包括（　　）和检测器校准两部分。
A 质量校准　　B 仪器调谐　　C 脉冲校准　　D 模拟校准

82. 下列关于采用 ICP-MS 进行元素分析，描述错误的是（　　）。
A ICP-MS 一般提供定性分析、半定量分析和定量分析三种模式
B ICP-MS 定性分析通过连续扫描来初步判断未知样品组分
C ICP-MS 半定量分析与定量分析得到的数据结果准确度差异很小
D ICP-MS 定量分析中可使用内标法进行校正，来保证结果的准确度

83. ICP-MS 的（　　）不需要定期进行清洗。
A 透镜系统　　B 真空系统　　C 采样锥　　D 截取锥

84. 水中（　　）通过放射性衰变自发地从核内释放出 α、β、γ 粒子以及其他射线，从而衰变成为另外一种元素。
A 稳定核素　　B 不稳定核素　　C 稳定元素　　D 不稳定元素

85. 检测水中总有机碳时，通常是将水中的（　　）通过一定的氧化方法后进行定量测定。
①总碳（TC）；②无机碳（IC）；③可吹扫有机碳（POC）；④不可吹扫有机碳（NPOC）
A ①②　　B ②④　　C ③④　　D ①③

86. 下列参数中最能直接表示水中有机污染物总量的是（　　）。
A 总碱度　　B 总硬度　　C 总有机碳　　D 总碳

87. 采用干法氧化测定总有机碳（TOC）时，水样分别被注入高、低温反应器中，两者生成的二氧化碳被导入检测器内，测得的（　　）之差即为 TOC。
①总碳（TC）；②无机碳（IC）；③可吹扫有机碳（POC）；④不可吹扫有机碳（NPOC）
A ①③　　B ③④　　C ①②　　D ②④

88. 采用湿法氧化测定水中总有机碳时，消解器内加入的氧化剂是（　　）。
A 硫代硫酸钠　　B 硫酸钠　　C 磷酸钾　　D 过硫酸钠

89. 流动分析技术是一种（　　）分析技术。
A 生物化学　　B 物理化学
C 干化学　　D 湿化学（液态化学）

90. 连续流动分析仪使用空气或氮气将泵管中的液体分隔为许多小的反应单元,目的是（　　）。
    A 减少样品间扩散　　　　　　　B 提高样品流速
    C 充分混合样品与试剂　　　　　D 减少泵管内外压力差
91. 流动注射分析仪常用的进样方法是（　　）,即用一定体积试样以完整"试样塞"形式注入管道内含试剂的载流中。
    A 定容进样　　B 定时进样　　C 正相进样　　D 反相进样
92. 连续流动分析仪检测系统的作用是（　　）。
    A 根据项目要求完成稀释、加样、混合等操作
    B 将已反应完全的产物根据自身特性通过相应检测器转换为电信号
    C 将试剂、样品输送到分析系统中
    D 采集一定体积的试样并将其注入连续流动的载流中
93. 流动注射分析仪的管线细长复杂,当（　　）时,可能增加阀被堵塞的概率。
    A O形圈老化　　B 滤光片失效　　C 水样未过滤　　D 分离膜未更换
94. 城镇供水水质在线监测系统中的（　　）监测,是指水样不经输送直接在线监测的方式。
    A 原位　　B 直流　　C 分流　　D 实时
95. 当沿海地区的地表水受到咸潮影响时,水质在线监测应增加（　　）检测指标。
    A 氨氮　　B 叶绿素A　　C 耗氧量　　D 氯化物
96. 流态有较大变化的河流或潮汐河流,应在取水口（　　）及周边影响取水口水质的断面增设在线监测点。
    A 上游　　B 中游　　C 下游　　D 附近
97. 水温在线监测仪通过检测热敏电阻的（　　）来测量水温。
    A 电流值　　B 电压值　　C 电阻值　　D 电导值
98. 电导率在线监测仪的测定原理是（　　）。
    A 比色法　　B 电极法　　C 光学法　　D 滴定法
99. 浑浊度在线监测仪的检测原理是通过观测由悬浮物质产生的（　　）强度来测定浑浊度。
    A 反射光　　B 散射光　　C 折射光　　D 衍射光
100. 当水质在线监测仪出现零点漂移或量程漂移,超出规定范围时,应对（　　）的监测数据进行确认,并剔除无效数据。
    A 校验不合格当天
    B 上次校验合格到本次校验不合格期间
    C 校验不合格一周内
    D 校验不合格一个月内

二、多选题

1. 根据电磁辐射作用的物质存在形式,光谱法的类型主要有（　　）。
    A 发射光谱　　　　　　　　B 吸收光谱法

C 拉曼光谱法 D 原子光谱
E 分子光谱法

2. 根据红外吸收光谱中吸收峰的位置、强度和形状可对有机化合物进行（　　）。
A 结构分析 B 定量分析
C 同位素分析 D 定性鉴定
E 同分异构体鉴定

3. 产生红外吸收光谱必须具备的条件有（　　）。
A 红外辐射能量可以实现分子振动和转动能级的跃迁
B 红外辐射能量可以实现电子能级的跃迁
C 物质分子在振动过程中应有偶极矩的变化
D 待分析样品必须是气体或液体
E 待分析样品的谱带不可以产生重叠

4. 下列关于红外吸收光谱特点，说法正确的有（　　）。
A 红外光谱可用来推测分子的空间构型
B 红外光谱适用于样品的任何存在状态
C 红外光谱常被称为"分子指纹光谱"
D 红外光谱可以鉴定同分异构体
E 红外光谱可以进行元素的形态分析，还可以进行同位素分析

5. 根据原子化方式的不同，原子吸收分光光度法可分为（　　）。
A 火焰原子吸收分光光度法
B 冷原子吸收分光光度法
C 无火焰原子吸收分光光度法
D 氢化物原子吸收分光光度法
E 石墨炉原子吸收分光光度法

6. 原子吸收光谱仪一般由（　　）几个部分组成。
A 光源 B 样品室
C 原子化器 D 分光系统
E 检测系统

7. 光源是原子吸收光谱仪的重要组成部分，其性能直接影响实验的（　　）等参数。
A 检出限 B 精密度
C 稳定性 D 光谱带宽
E 进样体积

8. 影响原子吸收光谱火焰反应的主要因素有（　　）。
A 燃烧器类型 B 光谱带宽
C 燃气的性质 D 燃气与助燃气的比例
E 观测高度

9. 石墨炉原子化器的测量步骤有（　　）。
A 干燥阶段 B 雾化阶段
C 灰化阶段 D 原子化阶段

E 净化阶段

10. 石墨炉原子化器的石墨管主要有（　　）。
A 普通石墨管　　　　　　　　B 热解涂层石墨管
C 长寿命石墨管　　　　　　　D 石墨平台
E 金属舟

11. 原子吸收光谱分析中常用的背景校正装置包括有（　　）。
A 氘灯背景校正装置　　　　　B 氚灯背景校正装置
C 氢灯背景校正装置　　　　　D 塞曼效应背景校正装置
E 空心阴极灯自吸收背景校正装置

12. 为保证实验安全，原子吸收光谱仪所用的乙炔钢瓶必须配的安全部件主要有（　　）。
A 气压调节阀　　　　　　　　B 氧压表
C 防回火装置　　　　　　　　D 耐振压力表
E 安全阀

13. 原子荧光光谱仪一般由（　　）和检测系统几部分组成。
A 激发光源　　　　　　　　　B 原子化器
C 色散系统　　　　　　　　　D 光学系统
E 分离系统

14. 氢化物发生-原子荧光光谱分析仪可解决的问题主要有（　　）。
A 荧光信号弱　　　　　　　　B 散射光干扰
C 荧光猝灭　　　　　　　　　D 灵敏度低
E 基体干扰大

15. 原子荧光光谱法一般用于测定水中的（　　）等元素。
A 砷　　　　　　　　　　　　B 硒
C 锑　　　　　　　　　　　　D 铍
E 汞

16. 气相色谱法利用混合物中各组分在固定相与流动相之间反复多次的（　　），得到分离。
A 溶解　　　　　　　　　　　B 洗脱
C 吸附　　　　　　　　　　　D 脱附
E 淋洗

17. 气相色谱法在水质分析中常用于含（　　）等农药的检测。
A 氯　　　　　　　　　　　　B 钾
C 硫　　　　　　　　　　　　D 磷
E 钠

18. 气相色谱仪的载气由气路系统以稳定流量经过（　　），最后放空。
A 进样系统　　　　　　　　　B 分离系统
C 混合系统　　　　　　　　　D 检测系统
E 数据处理系统

19. 气相色谱仪常用氮气作为（　　）。
   A　燃气	B　助燃气
   C　尾吹气	D　隔垫吹扫气
   E　载气

20. 气相色谱仪的气路系统由（　　）等部分组成。
   A　气源	B　气体净化管
   C　载气流速控制装置	D　气化室
   E　分流器

21. 气相色谱仪的色谱柱类型主要有（　　）两大类。
   A　填充柱	B　毛细管柱
   C　正相柱	D　反相柱
   E　常量柱

22. 作为气相色谱常用的检测器之一，电子捕获检测器对（　　）灵敏度不高。
   A　含硫有机物	B　碳氢化合物
   C　过氧化物	D　含卤素物质
   E　含胺类物质

23. 气相色谱仪的氢火焰离子化检测器（FID）和喷嘴在正常使用下也会形成沉积物，这些沉积物会导致的问题主要有（　　）。
   A　检测器灵敏度降低	B　色谱柱固定相降解
   C　产生色谱噪声	D　产生色谱毛刺峰
   E　空气、灰尘进入

24. 下列关于气相色谱仪的使用维护要求，说法正确的有（　　）。
   A　应使用高纯度气体，检查气瓶压力	B　定期对仪器进行检漏
   C　定期更换进样口隔垫和衬管	D　定期清洗进样针
   E　定期对色谱柱进行吹扫老化

25. 高效液相色谱仪一般由（　　）几部分组成。
   A　输液系统	B　进样系统
   C　分离系统	D　检测系统
   E　数据处理系统

26. 高效液相色谱常用的检测器有（　　）。
   A　紫外可见检测器	B　红外检测器
   C　荧光检测器	D　二极管阵列检测器
   E　示差折光检测器

27. 液相色谱选择正相色谱柱进行分析时，一般作为底剂的溶剂有（　　）。
   A　丙酮	B　乙酸乙酯
   C　正己烷	D　乙醚
   E　氯仿

28. 下列对液相色谱维护方式描述正确的有（　　）。
   A　定期更换流动相

61

B 对水相溶剂使用棕色瓶保存
C 样品进样前进行过滤等前处理
D 检测器保持常开延长使用寿命
E 做样完毕后直接用甲醇冲洗色谱柱

29. 影响离子色谱检测中各种离子保留时间的因素有（　　）。
A 柱长　　　　　　　　　　　B 淋洗液种类
C 流速　　　　　　　　　　　D 离子对树脂的亲和力
E 温度

30. 离子色谱检测中常用的阳离子淋洗液有（　　）。
A 硫酸　　　　　　　　　　　B 盐酸
C 磷酸　　　　　　　　　　　D 甲烷磺酸
E 高氯酸

31. 下列对离子色谱仪的使用维护要求，说法正确的有（　　）。
A 淋洗液使用前，先进行超声脱气
B 使用去离子水对泵进行清洗
C 检查淋洗液余量，避免泵空抽
D 开启仪器，待仪器状态稳定，基线平稳后，开始检测
E 当色谱柱柱压升高时，应更换色谱柱配件

32. 气相色谱-质谱联用法相较于气相色谱法具有的优点主要有（　　）。
A 既可以对化合物定性，又可以定量
B 可分析复杂未知物
C 可区分同分异构体
D 可有效排除基质和杂质峰的干扰，提高检测灵敏度
E 可判断一个色谱峰是单组分峰还是混合峰

33. 气相色谱-质谱联用仪的组成部件主要有（　　）。
A 进样系统　　　　　　　　　B 离子源
C 质量分析器　　　　　　　　D 检测器
E 真空系统

34. 关于气相色谱-质谱联用仪离子源，下列说法正确的有（　　）。
A 离子源可接受样品并使样品组分离子化
B 常用的离子源有电子轰击（EI）源和化学电离（CI）源
C EI源要求被测组分能气化且气化时不分解
D 配置CI源的气相色谱-质谱联用仪还需要甲烷等反应气
E EI源获得的质谱图具有高度重现性

35. 关于气相色谱-质谱联用仪的操作，下列说法正确的有（　　）。
A 每批检测完毕后及时关闭仪器，待再有检测需要时开启
B 长时间不开机，开机前最好先吹扫一下气路
C 需在系统放空，分子涡轮泵转速以及离子源温度降至设定值后，才能关机
D 要等仪器温度降至室温才能拆离子源进行清洗

E 应定期检查真空泵油面高度以及泵油的清澈程度和颜色

36. 液相色谱-质谱联用仪可分析的化合物有（　　）。
A 敌敌畏　　　　　　　　　　　B 乙醛
C 高氯酸盐　　　　　　　　　　D 呋喃丹
E 马拉硫磷

37. 液相色谱-质谱联用仪工作时，处于真空状态下的部件有（　　）。
A 进样系统　　　　　　　　　　B 离子源
C 质量分析器　　　　　　　　　D 离子检测器
E 记录系统

38. 液相色谱-质谱联用仪采用电喷雾电离接口时，氮气的作用有（　　）。
A 作为雾化器雾化样品为细小液滴　　B 作为干燥气干燥带电液滴
C 作为碰撞气打碎分子离子　　　　　D 作为载气输送样品
E 作为保护气保护质量分析器

39. 下列对液相色谱-质谱联用仪维护方式描述正确的有（　　）。
A 仪器应避免强磁场环境干扰
B 做完实验必须将仪器关机
C 做样时可对仪器真空系统组件进行清洗
D 做样后需对仪器的雾化室进行清洗
E 定期对仪器的废液桶进行检查清理

40. 下列对于液相色谱三重四级杆质谱描述正确的有（　　）。
A 三重四级杆质谱中有两个四级杆质量分析器
B 三重四级杆质谱中有三个四级杆质量分析器
C 三重四级杆质谱属于一种串联质谱
D 三重四级杆质谱只能与液相色谱相连，不能与气相色谱相连
E 液相色谱三重四级杆质谱比单级液质联用仪分析灵敏度更高

41. 液相色谱质谱仪若真空度过低，会造成（　　）等影响。
A 离子源损坏　　　　　　　　　　B 本底下降
C 灵敏度下降　　　　　　　　　　D 分子涡轮泵磨损
E 副反应增多

42. ICP-MS 一般可用于测定水中（　　）等指标。
A 铊　　　　　　　　　　　　　　B 镉
C 硼　　　　　　　　　　　　　　D 铝
E 碳

43. 不同品牌的 ICP-MS 结构各异，但基本组成类似，主要包括进样系统、接口部分、（　　）、检测器及数据处理系统和软件控制系统。
A 离子源　　　　　　　　　　　　B 离子透镜
C 真空系统　　　　　　　　　　　D 脱气装置
E 质量分析器

44. 进样系统是 ICP-MS 的重要组成部分，对分析性能影响较大，由（　　）几部分

组成。

  A 真空泵   B 蠕动泵
  C 雾化器   D 雾室
  E 脱气装置

45. 造成 ICP-MS 雾化器堵塞的原因可能包括( )。

  A 悬浮物堵塞样品毛细管
  B 弹簧夹调节过紧使管路流通不畅
  C 管路中引入了大量空气
  D 样品含盐量高,形成盐分结晶
  E 排废管和进样管的位置与方向连接错误

46. 下列关于 ICP-MS 离子聚焦系统,描述正确的有( )。

  A 离子聚焦系统位于截取锥和质谱分离装置之后
  B 离子聚焦系统的作用是聚集并引导待分析离子从接口区域达到质谱分离系统
  C 离子聚焦系统要能阻止大量不带电荷(中性)的原子和粒子通过
  D 离子聚焦系统决定了离子进入质量分析器的数量和仪器的背景噪声水平
  E 离子聚焦系统具有灵敏度高、背景低、检出限低、信号稳定的特征

47. 关于 ICP-MS 仪器调谐,下列说法正确的有( )。

  A 自动调谐功能可使仪器工作条件最佳化
  B 调谐的参数包括等离子体采样深度、载气流速等
  C 调谐的目的是获得最佳仪器灵敏度和稳定性
  D 调谐液通常是含有轻、中、重质量范围的混合溶液
  E 调谐液的浓度范围一般为 1mg/L～10mg/L

48. ICP-MS 定量分析使用内标法时,下列说法正确的有( )。

  A 使用的内标元素不能是环境污染元素
  B 使用内标法的目的是保证检测结果的高准确度
  C 内标法是在样品和标准系列加入一种或几种元素,用来监测和校正信号的漂移情况
  D 内标元素必须是样品中不含有的元素,且不会对分析元素产生干扰,同时不受样品基体的干扰
  E 一般选择与待测元素质量接近的元素为内标物,因此多元素检测时需要使用混合内标物

49. 当 ICP-MS 发生( )等现象时,需要拆卸采样锥和截取锥进行清洗。

  A 等离子体熄火   B 内标元素的 CPS 值突然增大
  C 仪器背景噪声过高   D 界面系统真空显著升高
  E 肉眼观察到锥间有积盐

50. 生活饮用水中总 α、总 β 放射性测定的基本步骤包括( )。

  A 水样酸化   B 蒸发浓缩
  C 350℃灼烧   D 样品源制备
  E 低本底 α、β 测量系统测定

51. 总有机碳指水体中（　　）含碳的总量。
   A 溶解性有机物   B 生物代谢有机物
   C 悬浮性有机物   D 人工合成有机物
   E 耗氧有机物

52. 关于总有机碳测定仪的维护，下列说法正确的有（　　）。
   A 仪器应定期更换干燥剂   B 仪器应避免摆放至潮湿环境
   C 仪器应定期检查运转情况   D 仪器应按操作手册定期维护
   E 气瓶中高纯气体应定期检查剩余情况，及时更换

53. 在连续流动分析仪中，一个化学反应模块对应一个检测项目，可根据项目要求完成（　　）等操作。
   A 稀释   B 活化
   C 蒸馏   D 洗脱
   E 加热

54. 流动注射分析仪的检测系统包括（　　）。
   A 检测器   B 记录仪
   C 进样器   D 混合反应器
   E 载流驱动器

55. 流动注射分析仪蠕动泵长期不工作时，应将泵管（　　）。
   A 松开卸下   B 保持压紧
   C 保持湿润   D 清洗泵干
   E 直接更换

56. 关于流动注射分析仪的维护方式，下列说法正确的有（　　）。
   A 对浑浊水样提前过滤或抽滤
   B 样品做完后直接关闭蠕动泵
   C 试剂瓶和反应池放置同一水平面上，避免负压
   D 仪器使用后，保持模块清洁干燥
   E 检测硝酸盐氮时配置镉柱

57. 城镇供水水质在线监测系统应覆盖（　　）等对供水水质安全有影响的各个关键环节。
   A 取水口水源水   B 进厂原水
   C 水厂各净化工序出水   D 出厂水
   E 管网水

58. 氨氮在线监测仪测定氨氮主要采用（　　）等方法。
   A 水杨酸盐分光光度法   B 纳氏试剂分光光度法
   C 氨气敏电极法   D 铵离子选择电极法
   E 膜电极法

59. 对水质在线监测仪表及配套设施进行现场验收时，应按技术要求规定采用（　　），结果应符合技术要求规定。
   A 不同浓度水平的水样进行性能试验

65

B　标准样品比对试验
C　实际水样比对试验
D　空白试验
E　人员比对

60. 按照不同水质在线监测仪的规定做好维护的同时，还应（　　）。
A　保持在线监测仪清洁、稳固
B　仪器管路畅通，进出水流量正常，无漏液
C　监测站房内清洁，并保证辅助设备正常运行
D　环境温湿度符合要求
E　废弃物收集处置应符合相关规定和要求

三、判断题

（　）1. 产生红外吸收光谱的物质分子在振动过程中必须有偶极矩的变化。
（　）2. 根据红外光谱法的特性，红外光谱仪一般只用于结构分析，不用于定量分析。
（　）3. 红外光谱仪一般分为色散型红外光谱仪和傅里叶变换红外光谱仪两类。
（　）4. 原子吸收分光光度法的应用广泛，可直接进行元素的形态分析和同位素分析。
（　）5. 原子吸收分光光度法的选择性好，测定元素含量时共存元素的干扰较少，一般可以不分离共存元素直接进行测定。
（　）6. 原子吸收光谱仪中，石墨炉原子化器是应用最广泛的无火焰原子化器。
（　）7. 分光系统是原子吸收光谱仪的重要组成部分，其作用是分离干扰谱线，使待测元素特征谱线通过并产生吸收。
（　）8. 原子吸收光谱仪的自吸收背景校正是利用空心阴极灯在大电流时出现自吸收现象，发射的光谱线变窄，以此测量背景吸收。
（　）9. 原子荧光光谱法是通过测量待测元素的原子蒸气在辐射能激发下产生的原子吸收强度，从而确定待测元素含量的方法。
（　）10. 原子荧光光谱法遵循朗伯-比尔定律，原子荧光强度始终与被测元素的含量成正比。
（　）11. 气相色谱法具有高选择性与高分离效能，但必须有已知物或已知数据与相应色谱峰作比对，或与其他方法联用，才能获得直接肯定的结果。
（　）12. 气相色谱法无法对热不稳定的化合物进行分析，如丙烯酰胺。
（　）13. 气相色谱仪使用毛细管色谱柱分析时，分流进样比不分流进样灵敏度低。
（　）14. 对气相色谱的柱温箱温度进行设置时，在保证组分分离的前提下，应尽可能提高色谱柱使用温度。
（　）15. 气相色谱仪的新色谱柱需要老化后才能使用。在老化色谱柱时，需要一端通入载气保护色谱柱，另一端连接检测器。
（　）16. 在液相色谱中，底剂是指流动相中决定色谱分离情况的溶剂。
（　）17. 液相色谱的洗脱方式分为等度和梯度两种。

(   ) 18. 液相色谱的色谱柱若长时间不用,应液封保存。

(   ) 19. 离子色谱法的选择性较好,对前处理要求较为简单,一般不需要稀释和过滤,可直接进行检测。

(   ) 20. 使用气相色谱-质谱联用仪测定样品时,为便于样品组分谱库检索定性,离子化方式多采用电子轰击离子化(EI)模式。

(   ) 21. 气相色谱-质谱联用法使用谱库检索时,通过跟谱库中的标准谱图比较,匹配率最高的化合物就是最终确定的结果。

(   ) 22. 适用于气相色谱仪的色谱柱,一般也适用于气相色谱-质谱联用仪。

(   ) 23. 液相色谱-质谱联用法是将液相与质谱分析联用,以实现更快,更有效的分离和分析。

(   ) 24. 液相色谱-质谱联用仪的电喷雾电离源能使样品在高电场下形成带电喷雾。

(   ) 25. 液相色谱-质谱联用仪中,质量分析器作为一个"接口",可把液相色谱与质谱系统连接起来。

(   ) 26. 液相色谱-质谱联用仪在待机状态下,可对毛细管、四级杆和检测器等进行清洗维护。

(   ) 27. ICP-MS 适用于多种有机溶剂,可进行多元素同时测定,也可以进行同位素鉴别和测定。

(   ) 28. ICP-MS 中雾室的作用是保证那些大到足以悬浮在气流中的雾粒被载气带入等离子体。

(   ) 29. ICP-MS 常使用氩气作为工作气体,是因为氩的第一电离电位低于大多数元素的第一电离电位,高于大多数元素的第二电离电位,几乎不会形成二次电子电离。

(   ) 30. 接口是整个 ICP-MS 系统最关键的部分,它由一个采样锥和一个截取锥组成。

(   ) 31. ICP-MS 使用的截取锥锥孔大于采样锥,安装于采样锥前。

(   ) 32. ICP-MS 的检测器将离子转换成电子脉冲,电子脉冲的大小与样品中分析离子的浓度成正比。

(   ) 33. ICP-MS 一般用于痕量元素的检测,为了避免体积法肉眼定容带来的误差,推荐使用重量法进行标准溶液的配制。

(   ) 34. 水中不稳定核素会通过放射性衰变非自发地从核内释放出 α、β、γ 粒子以及其他射线,从而衰变成为另外一种元素。

(   ) 35. 总有机碳(TOC)的湿法氧化(过硫酸盐氧化)法适于分析低浓度水样。

(   ) 36. 连续流动分析仪工作时,泵管中不能有气泡。

(   ) 37. 流动分析仪在做样前,应对浊度较高的水样进行过滤、抽滤等预处理后再上机检测。

(   ) 38. 水质在线监测仪选择方法时应优先考虑方法的先进性和成本,再考虑方法的可靠性和稳定性。

(   ) 39. 水源地水质在线监测点设置的深度应与取水口的深度接近。

(   ) 40. 水质在线监测仪进行维护与管理时,应根据要求定期核查,核查内容包括数据检查和现场巡查。

四、问答题

1. 简述光谱法的分类方式。
2. 简述总有机碳的基本含义。
3. 举例说明气相色谱仪常用的三种检测器及其可分析的物质类型。
4. 简述色谱法的分离原理。
5. 简述离子色谱法的分析原理。
6. 在原子吸收分光光度法中,无火焰原子化器的测量步骤可分为哪几个阶段?简要说明各阶段的主要作用。
7. 什么是气相色谱法?气相色谱仪的基本结构组成有哪些?
8. 气相色谱-质谱联用仪的真空系统主要包含哪几部分?分别有何作用?
9. 简述液相色谱与气相色谱方法之间的区别。
10. 假设你是一名水质在线仪表管理员,日常将如何对在线监测仪进行维护(请说出至少三种)?

第6章 微生物检验

一、单选题

1. 选择微生物检验用的采样容器，首先应遵循的原则是（　　）。
   A 采购价格便宜　　　　　　　　B 可反复使用
   C 容器无菌、不含抑菌成分　　　　D 轻便易携带

2. 微生物样品采样时，采集重金属含量较高的水样，需在样品瓶添加（　　），以减少重金属对细菌生长的影响。
   A 生理盐水　　　　　　　　　　B 磷酸盐缓冲液
   C 硫代硫酸钠　　　　　　　　　D EDTA螯合剂

3. 关于微生物检测区域，下列描述错误的是（　　）。
   A 清洁区是对环境中微生物、尘粒进行控制的区域
   B 半污染区是有可能被微生物污染的区域
   C 污染区是被微生物污染的区域
   D 专用通道人流和物流之间可以共用

4. 微生物检验计数及鉴定时，使用（　　）显微镜可以满足对普通藻类和细菌的观察。
   A 共聚焦　　　B 光学　　　C 荧光　　　D 电子

5. 显微镜光学系统中，（　　）是决定成像质量和分辨能力的最重要部件。
   A 物镜　　　B 目镜　　　C 聚光器　　　D 滤光片

6. 显微镜光学系统中，放大倍数最大的镜是（　　）。
   A 低倍镜　　　B 油镜　　　C 中倍镜　　　D 目镜

7. 显微镜光学系统中的（　　）用于过滤单一波长的光，提高分辨率，增加影像反差和清晰度。
   A 滤光片　　　B 物镜　　　C 聚光器　　　D 目镜

8. 显微镜荧光系统的超高压汞灯通过发射很强的（　　），以激发各类荧光物质。
   A 红外光　　　B 蓝紫光　　　C 激光　　　D 绿光

9. 使用光学显微镜镜检标本时都要遵守（　　）的操作规则。
   A 先低倍镜后高倍镜　　　　　　B 直接用高倍镜
   C 直接使用粗准焦螺旋聚焦　　　D 先细准焦螺旋后粗准焦螺旋

10. 关于显微镜汞灯维护，说法错误的是（　　）。
    A 汞灯工作时大量发热，工作环境不宜过高
    B 汞灯不宜频繁开关，否则影响寿命
    C 汞灯属于耗材，强度不足时应及时更换
    D 汞灯可以随开随用，无须等待稳定

11. 使用（　）评价实验室紫外线消毒效果最为快捷。
   A 紫外强度测定　　B 空白培养　　C 沉降菌培养　　D 悬浮菌培养
12. 关于超净工作台，下列描述错误的是（　）。
   A 可以除去大于 $0.3\mu m$ 的尘埃、细菌、孢子等
   B 可提供无菌工作环境
   C 超净空气流速不妨碍酒精灯的使用
   D 超净空气流方向来源于多个方向
13. 菌落总数平皿计数法的培养温度是（　）℃。
   A 44.5±0.5　　B 44.5±1　　C 37±1　　D 36±1
14. 菌落总数平皿计数法规定，首先选择平均菌落数在（　）之间者进行计算。
   A 10～100　　B 50～500　　C 30～300　　D 20～200
15. 微生物接种试验中，（　）属于液体样品接入液体培养基的接种操作。
   A 菌落总数平皿法　　　　　　B 总大肠菌群酶底物法
   C 耐热大肠菌群多管发酵法　　D 大肠埃希氏菌酶底物法
16. 下列微生物检测方法中，（　）不需要用到平板接种法的操作。
   A 耐热大肠菌群多管发酵法　　B 菌落总数平皿法
   C 总大肠菌群滤膜法　　　　　D 大肠埃希氏菌酶底物法
17. 总大肠菌群在乳糖蛋白胨培养后产酸产气，接种到（　）培养基上进行鉴定试验。
   A 营养琼脂　　B EC肉汤　　C 伊红美蓝琼脂　　D MFC
18. 下列描述中（　）不是总大肠菌群在伊红美蓝琼脂上的特征菌落。
   A 深紫黑色，具有金属光泽的菌落
   B 紫黑色，不带或略带金属光泽的菌落
   C 淡紫红色，中心较深的菌落
   D 浅红色菌落
19. 耐热大肠菌群多管发酵法初发酵时使用（　）接种方式。
   A 斜面　　B 液体　　C 平板　　D 穿刺
20. 微生物接种试验中，（　）属于液体培养基接入固体培养基的接种操作。
   A 菌落总数平皿法　　　　　　B 总大肠菌群滤膜法
   C 耐热大肠菌群多管发酵法　　D 大肠埃希氏菌酶底物法
21. 不需要利用复发酵方法进行证实的微生物检测方法是（　）。
   A 总大肠菌群酶底物法　　　　B 耐热大肠菌群多管发酵法
   C 总大肠菌群滤膜法　　　　　D 总大肠菌群多管发酵法
22. 水质微生物检验中，对（　）进行检测时需用到荧光显微镜。
   A 贾第鞭毛虫　　B 藻类　　C 细菌　　D 摇蚊幼虫
23. 使用多管发酵法对耐热大肠菌群检测时，如不产气，则可报告为阴性，如有产气者，则转种于伊红美蓝琼脂平板上，置44.5℃培养（　）h。
   A 72±2　　B 48±2　　C 18～24　　D 48±12
24. 使用滤膜法对耐热大肠菌群检测时，应选取孔径（　）μm 的滤膜过滤水样。

| A 0.22 | B 0.3 | C 0.45 | D 0.5 |

25. 关于耐热大肠菌群在 MFC 培养基上特征菌落的描述正确是（　　）。
   A 灰色至奶油色菌落　　　　　　B 蓝色菌落
   C 深紫黑色，具有金属光泽的菌落　D 深红色，不带或略带金属光泽的菌落

26. 大肠埃希氏菌进行多管发酵法检测时，应使用（　　）培养基。
   A EC-MUG　　B 营养琼脂　　C 乳糖蛋白胨　　D EC 肉汤

27. 大肠埃希氏菌滤膜法是在无菌条件下将有典型生长的滤膜转移至（　　）平板上，细菌截留面向上培养。
   A NA-MUG　　B EC-MUG　　C NMO-MUG　　D VRBA-MUG

28. 大肠埃希氏菌酶底物法结果判读时，水样（　　）判断为大肠埃希氏菌阳性。
   A 变黄色同时有蓝色荧光产生　　　B 未变黄色而有荧光产生
   C 变黄色同时无蓝色荧光产生　　　D 未变黄色且无荧光产生

29. 粪性链球菌进行发酵法推测试验时，接种的试管应放入（　　）℃的恒温培养箱内培养。
   A 44±1　　B 25±1　　C 35±0.5　　D 38±0.5

30. 粪性链球菌经发酵法确信试验后，若发现有粪性链球菌的存在，则该菌落呈（　　）色。
   A 紫　　B 深红　　C 棕黑　　D 蓝

31. 亚硫酸盐还原厌氧菌无论使用液体培养基增菌法还是滤膜法，首要步骤都是通过（　　）选择水样中孢子。
   A 过滤　　B 加热　　C 接种　　D 转移

32. 采用滤膜法检测亚硫酸盐还原厌氧菌，当检测结果出现孢子数过多，连在一起难以统计时，可（　　）。
   A 缩短培养时间　　　　　　B 统计未相连的区域
   C 以多不可计报告结果　　　D 肉眼估算数值

33. "两虫"检测方法中，（　　）无法处理高浊度水。
   A 滤膜浓缩法　　　　　　　B Filta-Max Xpress 快速法
   C Envirochek 法　　　　　　D 滤囊浓缩法

34. 关于供水检测实验室中"两虫"检测方法，下列说法错误的是（　　）。
   A 方法都由富集-分离-染色镜检组成　B 所有方法都需要使用滤囊（滤芯）
   C "两虫"检测方法步骤繁琐　　　　D 根据水体情况选择合适的检测方法

35. "两虫"检测方法中，对出厂水单次过滤体积最少的方法是（　　）。
   A Envirochek 法　　　　　　B Filta-Max Xpress 快速法
   C 滤囊浓缩法　　　　　　　D 滤膜浓缩法

36. 免疫磁分离荧光抗体法中，规定"两虫"的采样的体积应取决于水样的类型，标准要求出厂水（处理后清洁水）为（　　）L。
   A 100　　B 50　　C 20　　D 10

37. 关于"两虫"的采样操作，下列说法错误的是（　　）。
   A 采样过程中应使用流量计进行定量过滤

B 采样过程中过滤速度越快越好

C 在无水龙头的情况下，可使用采样泵进行采样

D 采样结束后的滤囊应低温避光保存

38. 使用免疫磁分离荧光抗体法对"两虫"样品离心时，关于去除上清液错误的操作是（ ）。

A 用橡胶软管虹吸 B 用移液枪吸取

C 倾倒上清液 D 用移液管移去

39. 使用免疫磁分离荧光抗体法对"两虫"样品进行第二次磁极分离操作时，MPC-S磁极应持续呈（ ）角转动。

A 45° B 90° C 180° D 360°

40. 使用免疫磁分离荧光抗体法对"两虫"样品分离时，对磁珠和虫卵进行混合的错误操作是（ ）。

A 混合器旋转速度越快越好

B 室温下混合 60 到 90 分钟最佳

C 用于混合的试剂使用前应在室温下充分溶解

D 每个样品各加入抗隐孢子虫抗体和抗贾第鞭毛虫抗体

41. 使用免疫磁分离荧光抗体法对"两虫"样品进行荧光染色时，错误的操作是（ ）。

A 干燥的时间一般不超过 1h

B 使用甲醇固定后，不需要进行干燥

C 如果不立即染色，可放入 4℃冰箱干燥过夜

D 涂片可在 0~8℃潮湿黑暗环境保存

42. 把装有"两虫"样品的载玻片加入染色剂后，放入潮湿的容器内，室温下应至少放置（ ）min。

A 5 B 10 C 15 D 30

43. 贾第鞭毛虫的孢囊在荧光显微镜下呈椭圆形，孢囊壁会发出（ ）的荧光。

A 苹果绿 B 亮蓝色 C 深红色 D 亮黄色

44. 对"两虫"样品镜检时，（ ）装置可更好地了解孢囊内在结构。

A DIC B 蓝光 C 红光 D 绿光

45. 检测藻类时，通常在水样中加入（ ）试剂固定保存。

A 氯化钠 B 稀盐酸 C 鲁格 D 氢氧化钠

46. 关于藻类特征，下列说法正确的是（ ）。

A 藻类大多是多细胞种类 B 藻类生理上类似于动物

C 不同水体藻类的优势种不同 D 所有藻类都是真核细胞

二、多选题

1. 采集水样检测多类指标时，应遵循的采样原则有（ ）。

A 优先采集微生物样品

B 样品采集应具有代表性

C 采样前需要润洗采样瓶

D 打开采样瓶时，不要污染瓶内壁、瓶盖和瓶颈部

E 采样完毕后，立刻盖好瓶盖

2. 微生物检验时，检测环境应满足（　　）要求。

A 设置清洁区、半污染区和污染区

B 人流与物流分别设置专用通道

C 人流路线应避免往复交叉

D 物流路线应防止物料在传递过程中被污染

E 对无菌环境消毒效果监控

3. 下列属于显微镜光学系统的部件有（　　）。

A 物镜　　　　　　　　　　B 目镜

C 聚光器　　　　　　　　　D 载物台

E 油镜

4. 关于压力蒸汽灭菌器的灭菌效果监控，下列说法正确的有（　　）。

A 常用监控方法有化学指示剂法和生物指示剂法

B 化学指示剂法通过观察其灭菌后的颜色变化，来判断灭菌温度或效果

C 生物指示剂法需设置对照

D 实验室对此两种方法兼用监控效果更好

E 生物指示剂法更直接反映灭菌效果

5. 菌落总数平皿计数法在报告不同稀释度结果时，正确的说法包括（　　）。

A 首先选择平均菌落数在30～300之间者进行计算

B 两个稀释度，其菌落数均不在30～300之间，则视二者之比值来决定

C 所有稀释度的平均菌落数均＞300，则应按稀释度最高的平均菌落数乘以稀释倍数报告

D 所有稀释度的平均菌落数均＜30，则应以按稀释度最低的平均菌落数乘以稀释倍数报告

E 所有的稀释度的平板上均无菌落生长，则以"未检出"报告

6. 水中总大肠菌群的检测方法包括（　　）。

A 多管发酵法　　　　　　　B 滤膜法

C 酶底物法　　　　　　　　D 平皿计数法

E 酶联免疫吸附法

7. 大肠埃希氏菌可以通过使用（　　）培养基进行检验。

A EC-MUG　　　　　　　　B NA-MUG

C MMO-MUG　　　　　　　D 营养琼脂

E Pfrizer

8. 总大肠菌群在品红亚硫酸钠培养基平板上的菌落特征有（　　）。

A 乳白色，不带金属光泽　　B 淡蓝色

C 紫红色，具有金属光泽　　D 深红色，不带或略带金属光泽

E 淡红色，中心色较深

9. 关于粪性链球菌滤膜法的检测，下列说法正确的有（ ）。
A 水样量以滤过一张无菌滤膜后能产生20~100个菌落为宜
B 滤膜和培养基之间不应夹留空气泡
C 粪性链球菌典型菌落在滤膜上呈红色或粉红色
D 粪性链球菌需经过与过氧化氢酶反应来证实结果
E 经过证实试验，无需再通过胆汁培养基验证结果

10. 关于亚硫酸盐还原厌氧菌液体培养基增菌法，下列说法正确的有（ ）。
A 需做空白对照，并检查加热温度
B 需为培养基提供无氧培养环境
C 培养基尽量加满避免残存空气
D 可以只进行定性检验
E 螺口瓶内部变黑则表明亚硫酸盐还原厌氧孢子为阳性

11. "两虫"的检测方法中，利用免疫磁分离原理进行检测的有（ ）。
A Envirochek法   B Filta-Max Xpress快速法
C Filta-Max Xpress法   D 滤膜浓缩法
E 滤膜浓缩/密度梯度分离荧光抗体法

12. "两虫"检测方法中，利用密度梯度分离原理进行检测的有（ ）。
A 滤膜浓缩法   B Envirochek法
C 滤囊浓缩法   D Filta-Max Xpress快速法
E Filta-Max Xpress法

13. 关于"两虫"的采样要点，下列说法正确的有（ ）。
A 采样中重复使用的管路在使用前需进行灭活处理
B 原水采样量为10L
C 可使用流量计控制流速和水量
D 采样速度越快越好
E 采样后的滤芯应密封保存

14. 关于"两虫"的富集操作过程，下列说法正确的有（ ）。
A 离心前需将离心管配平
B 对滤囊进行多次淘洗可提高回收率
C 离心结束后移去上清液，留取沉淀
D 移取离心管底部沉淀时，应遵循"少量多次"原则
E 离心过程中可随时暂停取样

15. 关于"两虫"样品进行免疫磁分离的过程，下列说法正确的有（ ）。
A 室温下磁珠混合时间越长越好
B 磁极起着吸附磁珠的作用
C 磁分离过程中磁极可以随意去除
D 盐酸酸化可以使"两虫"脱离磁珠
E 二次酸化可以提高回收率

16. 关于"两虫"样品进行荧光染色的过程，下列说法正确的有（ ）。

A 应使用甲醇对样品进行固定
B 染色时应放入潮湿的容器内进行
C 染色结束，应吸掉多余染色试剂
D 样品染色后必须立即镜检，无法进行保存
E 可以不做阳性参照物染色

17. 使用免疫磁分离荧光抗体法对"两虫"样品镜检时，下列说法正确的有（　　）。
A 在低倍荧光显微镜下检查，在高倍荧光显微镜下进一步证实
B 当荧光和DAPI染色都不清楚的时候可以使用DIC观察
C DAPI染色出现亮蓝色核和亮蓝色胞浆的为真孢囊
D 在紫外光下，DAPI染色的阳性卵囊会出现亮蓝色的核
E DIC观察的目的主要是观察真孢囊

18. 关于藻类采样量，下列说法正确的有（　　）。
A 采样量要根据该地区藻类密度决定
B 藻类密度高，采样量可少
C 藻类密度低，采样量则多
D 通常情况下藻类的采样量以1L为宜
E 藻密度对采样量没有影响

19. 关于藻类检测，下列说法正确的有（　　）。
A 藻类样品无须固定可直接检测
B 作为固定液可以事先加入采样容器
C 藻类镜检计数结果取平均值
D 藻类镜检计数时，如密度较低，则全片计数
E 藻类镜检计数必须进行全片计数

20. 关于多管发酵法的特点，下列说法正确的有（　　）。
A 对设备要求较高
B 涉及多种培养基，操作较烦琐，实验周期长
C 需要对产酸产气的发酵管进行分离培养、观察菌落
D 需要革兰氏染色镜检和证实试验
E 不需要无菌操作

21. 关于滤膜法的特点，下列说法正确的有（　　）。
A 比多管发酵法检测速度慢
B 需要有对水样进行过滤的抽滤设备
C 设备与滤膜的灭菌处理较烦琐
D 不需要革兰氏染色镜检和证实试验
E 需要无菌操作

22. 关于酶底物法的特点，下列说法正确的有（　　）。
A 操作简单，实验周期短
B 可同时进行总大肠菌群和大肠埃希氏菌检测
C 可以进行定性检测和定量检测

D 需要革兰氏染色镜检和证实试验

E 检测成本较高

三、判断题

( ) 1. 低温冷藏保存柜中形成的冰霜无须处理。

( ) 2. 使用恒温培养箱时,需培养的物品上下四周需留有空间,保证气流通畅。

( ) 3. 恒温培养箱使用过程中要对温度进行监控并记录。

( ) 4. 应根据环境洁净度优劣,定期清洗超净工作台过滤器,并更换滤料。

( ) 5. 选取微生物样品采样容器时,应遵循容器无菌并含有抑菌成分的原则。

( ) 6. 显微镜光学系统中目镜的作用是把物镜造成的镜像再次放大,并增加分辨率。

( ) 7. 含氯消毒剂灭菌效果要优于酒精。

( ) 8. 使用光学显微镜观察样品时,为防止紫外线对眼睛的损害,应戴上防护眼镜或安置遮光板。

( ) 9. 滤膜法检测过程中应使用无齿无菌镊子,避免锯齿破坏膜表面造成漏滤。

( ) 10. 使用光学显微镜对观察样品对焦时,应遵循先使用细准焦螺旋,后使用粗准焦螺旋的原则,防止镜头与载玻片接触甚至挤压。

( ) 11. 显微镜油镜使用后,应用乙醚乙醇混合液擦去镜头上残留油迹,最后用擦镜纸向一个方向擦拭。

( ) 12. 在无菌操作前时,应提前10min启动超净工作台,并认真洗手和消毒。

( ) 13. 使用多管发酵法检测水中总大肠菌群时,可任意选择配制单料或双料乳糖蛋白胨培养基。

( ) 14. 总大肠菌群滤膜法操作中使用的 $0.22\mu m$ 滤膜需反复沸水浴3次,每次15min,确保滤膜无菌。

( ) 15. 总大肠菌群酶底物法是指在选择性培养基上能产生 β-半乳糖苷酶的细菌群组,能分解色原底物释放出色原体使培养基呈现颜色变化,以此来检测水中总大肠菌群的方法。

( ) 16. 总大肠菌群酶底物法检测饮用水用97孔盘、检测地表水用51孔盘定量。

( ) 17. 使用多管发酵法检测耐热大肠菌群时,不管选取10管法,还是15管法,在判读结果时,都要使用相同的MPN检索表。

( ) 18. 使用滤膜法检测耐热大肠菌群时,过滤好的滤膜应紧贴MFC平板表面,避免有气泡产生。

( ) 19. 使用多管发酵法检测大肠埃希氏菌时,是将样品在总大肠菌群中初发酵后,接种至NA-MUG管进行进一步培养检测。

( ) 20. 大肠埃希氏菌滤膜法所使用的培养基可以不加琼脂,制成液体培养基,使用时移取 2~3mL 于灭菌吸收垫上,再将滤膜置于培养垫上培养。

( ) 21. 对于藻类数量比较少的样品,在使用计数框进行镜检统计时,应对计数框中的全视野进行计数。

( ) 22. "两虫"离心富集过程中,为提高效率,可在低速时进行刹车操作。

四、问答题

1. 以硼硅酸盐玻璃瓶为例，简述微生物采样容器的清洁灭菌过程。
2. 简述采集管网末梢水中微生物指标的常规流程。
3. 在进行微生物样品采集时，现场样品采集原始记录应包含完整又准确的信息，请列举至少5种应记录的信息内容。
4. 微生物检验实验室在环境布局上的要求。
5. 请至少列举5种在水质分析微生物检验实验室常见的实验设备名称。
6. 简述生物指示剂法监控压力蒸汽灭菌器灭菌效果的工作原理。
7. 菌落总数平皿计数法的结果应如何报告？
8. 从操作要求、检测步骤、定量结果等方面综合分析多管发酵法、滤膜法、酶底物法各自优缺点。
9. 使用酶底物法分别检测原水、饮用水中的大肠埃希氏菌，结果如何报告？
10. 简述总大肠菌群纸片快速法中对结果的判读标准。

第7章 水处理剂及涉水产品分析试验

一、单选题

1. 将固体水处理剂及涉水产品混合均匀后，可（　　）进行抽样。
   A 直接　　　　　B 采用二分法　　　C 采用三分法　　　D 采用四分法
2. 对固体水处理剂及涉水产品进行抽样时，通常使用（　　）作为抽样工具。
   A 采样勺　　　　B 采样桶　　　　　C 采样管　　　　　D 底阀型采样器
3. 当对贮存罐中的液体水处理剂及涉水产品进行抽样时，应用专用采样器从罐内深度不同的（　　）分别采取等量的样品充分混合后，再装入两个样品瓶中密封保存。
   A 上、下部位　　B 中、下部位　　　C 上、中、下部位　D 任意部位
4. 采用氯化锌标准溶液滴定法测定聚氯化铝中氧化铝的含量时，应先使用（　　）将试样解聚。
   A 盐酸　　　　　B 硝酸　　　　　　C 硫酸　　　　　　D 磷酸
5. 聚氯化铝中氧化铝含量的测定属于（　　）滴定法。
   A 酸碱　　　　　B 沉淀　　　　　　C 配位　　　　　　D 氧化还原
6. 测定聚氯化铝中氧化铝的含量时，应使用精度为（　　）的天平称量样品。
   A 十分之一　　　B 百分之一　　　　C 千分之一　　　　D 万分之一
7. 测定聚氯化铝中盐基度时，应使用（　　）作为掩蔽剂。
   A 氢氧化钠　　　B 氯化钠　　　　　C 氯化钾　　　　　D 氟化钾
8. 聚氯化铝中盐基度测定的是聚氯化铝中（　　）的摩尔百分比，该指标可反映聚氯化铝混凝效果。
   A OH^- 与 Al　B H^+ 与 Al　　C OH^- 与 Al_2O_3　D H^+ 与 Al_2O_3
9. 关于聚氯化铝密度的测定，下列说法错误的是（　　）。
   A 测定应在100℃的恒温水浴中进行
   B 试样应注入清洁、干燥的量筒内
   C 量筒内的试样不得有气泡
   D 待温度恒定后，才能进行测定
10. 测定聚氯化铝的密度，一般读取密度计（　　）的刻度。
    A 弯月面上缘　　B 弯月面　　　　　C 平面　　　　　　D 弯月面下缘
11. 聚氯化铝中不溶物含量的测定方法属于（　　）。
    A 重量法　　　　B 比色法　　　　　C 滴定法　　　　　D 分光光度法
12. 测定聚氯化铝中不溶物含量时，应将滤渣用水洗至无（　　）再烘干至恒重。
    A 氯离子　　　　B 硫酸盐　　　　　C 硝酸盐　　　　　D 铝离子
13. 聚合硫酸铁是一种性能优越的无机高分子混凝剂，按用途分为Ⅰ类和Ⅱ类两类，

其中Ⅰ类为（　　）用聚合硫酸铁。

A 饮用水　　　　B 工业用水　　　　C 污水　　　　D 废水

14. 测定聚合硫酸铁中全铁含量时，应在（　　）条件下用氯化亚锡将三价铁还原为二价铁。

A 酸性　　　　B 中性　　　　C 强碱性　　　　D 弱碱性

15. 聚合硫酸铁中全铁含量的测定方法属于（　　）滴定法。

A 酸碱　　　　B 沉淀　　　　C 配位　　　　D 氧化还原

16. 测定聚合硫酸铁中还原性物质含量时，应使用（　　）标准溶液进行滴定。

A 高锰酸钾　　　　B 重铬酸钾　　　　C 碘　　　　D 高氯酸

17. 聚合硫酸铁中还原性物质含量测定的是其中（　　）的质量分数。

A Fe^{2+}　　　　B S^{2-}　　　　C Cl^-　　　　D Cr^{3+}

18. 测定聚合硫酸铁中的盐基度时，应使用（　　）将溶液调至酸性。

A 硝酸　　　　B 盐酸　　　　C 硫酸　　　　D 磷酸

19. 聚合硫酸铁中盐基度测定的是聚合硫酸铁中（　　）的摩尔百分比，该指标可反映聚合硫酸铁的质量和混凝效果。

A H^+与Fe^{2+}　　B H^+与Fe^{3+}　　C OH^-与Fe^{3+}　　D OH^-与Fe^{2+}

20. 关于水处理剂硫酸铝，下列说法错误的是（　　）。

A 硫酸铝不溶于水

B 硫酸铝有液体和固体两种

C 硫酸铝按用途可分为Ⅰ类和Ⅱ类两类

D 硫酸铝在不同的pH范围内去除的杂质不同

21. 硫酸铝中氧化铝含量的测定属于（　　）滴定法。

A 酸碱　　　　B 沉淀　　　　C 配位　　　　D 氧化还原

22. 测定硫酸铝中水不溶物含量时，试样经加热溶解、过滤、洗涤后，用（　　）溶液检验其是否残留硫酸根离子。

A 氯化钡　　　　B 氢氧化钠　　　　C 氯化铁　　　　D 氯化钾

23. 水处理剂中生石灰的主要成分为（　　）。

A 氧化钙　　　　B 碳酸钙　　　　C 氢氧化钙　　　　D 硫酸钙

24. 石灰在净水处理中常作为（　　）使用。

A 沉淀剂　　　　B 助凝剂　　　　C 混凝剂　　　　D 混合剂

25. 测定生石灰样品中有效氧化钙含量时，应将其中的氧化钙消解为（　　）再进行滴定。

A 氢氧化钙　　　　B 碳酸钙　　　　C 氯化钙　　　　D 碳酸氢钙

26. 测定氢氧化钠中总碱量时，应使用（　　）作为指示剂。

A 甲基橙　　　　B 石蕊　　　　C 溴甲酚绿-甲基红　　D 酚酞

27. 测定氢氧化钠中总碱量时，使用的是（　　）滴定法。

A 酸碱　　　　B 沉淀　　　　C 配位　　　　D 氧化还原

28. 测定氢氧化钠中碳酸钠含量时，应先将碳酸钠转化成（　　）沉淀，再进行滴定。

A 碳酸镁　　　　B 碳酸银　　　　C 碳酸钙　　　　D 碳酸钡

79

29. 测定氢氧化钠中碳酸钠的含量时,应先测定氢氧化钠总碱量,再减去( )含量,即可得到其中碳酸钠的含量。
    A 碳酸氢钠　　　B 氢氧化钙　　　C 氯化钠　　　D 氢氧化钠

30. 加矾量试验是在一定的原水水质、水处理工艺条件下,以沉淀后的( )为主要目标,确定某一混凝剂合理投加量的试验。
    A 色度　　　B 浑浊度　　　C 游离余氯　　　D 肉眼可见物

31. 待加矾量试验中的搅拌沉淀结束后,应在( )虹吸取样或在放水孔取样,测定各水样的浑浊度。
    A 距烧杯底部 5cm 处　　　　　B 液面下 5cm 处
    C 距烧杯底部 10cm 处　　　　　D 液面下 10cm 处

32. 加矾量试验的指导意义在于使水生产人员了解( )。
    A 消毒效果,从而合理投加混凝剂
    B 混凝效果,从而合理投加混凝剂
    C 过滤效果,从而合理投加混凝剂
    D 吸附效果,从而合理投加活性炭

33. 次氯酸钠中有效氯含量的测定应在( )介质下进行。
    A 酸性　　　B 强碱性　　　C 中性　　　D 弱碱性

34. 测定次氯酸钠中有效氯含量使用的指示剂是( )。
    A 甲基红　　　B 甲基橙　　　C 淀粉　　　D 酚酞

35. 测定次氯酸钠中的游离碱时,使用( )分解其中次氯酸根后,再进行滴定。
    A 臭氧　　　B 过氧化氢　　　C 硫代硫酸钠　　　D 草酸

36. 需氯量试验是指水在加氯消毒时,用于消灭细菌和氧化所有能与氯反应的物质所需的氯量,等于投加的氯量和接触期结束时剩余( )含量的差。
    A 总氯　　　B 总余氯　　　C 游离氯　　　D 化合余氯

37. 需氯量试验中所用的氯水标准溶液使用( )滴定法进行制备。
    A 酸碱　　　B 沉淀　　　C 配位　　　D 氧化还原

38. 需氯量既可通过利用余氯-投氯量曲线进行测定,也可使用( )进行测定。
    A 高锰酸钾法　　　B 重铬酸钾法　　　C 碘量法　　　D 银量法

39. 关于需氯量试验,下列说法错误的是( )。
    A 需氯量试验的测定对象是未加氯的水样
    B 各份水样的加氯量要依次递减
    C 加氯后,水样要混合均匀
    D 加氯时间要错开

40. 需氯量试验的指导意义在于使水生产人员了解( )。
    A 混凝效果,从而合理投加混凝剂
    B 消毒效果,从而合理投加消毒剂
    C 过滤效果,从而合理投加混凝剂
    D 吸附效果,从而合理投加活性炭

41. 测定供水处理用高锰酸钾中高锰酸钾含量时,使用( )滴定法。

A 氧化还原　　　B 酸碱　　　　C 配位　　　　D 沉淀

42. 测定供水处理用高锰酸钾中水不溶物含量时，使用的检测方法是（　　）。
A 直接观察法　　B 滴定法　　　C 重量法　　　D 分光光度法

43. 称取一定量的高锰酸钾试样溶于水，过滤的残渣在（　　）℃干燥至质量恒定，称量后可确定其水不溶物的含量。
A 100～105　　B 105～110　　C 150～155　　D 180～185

44. 水处理滤料中，（　　）具有使用广泛、机械强度高、截污能力强、耐酸性能好等特点。
A 无烟煤　　　B 石英砂　　　C 高密度矿石　D 砾石

45. 《水处理用滤料》CJ/T 43—2005 中规定了石英砂滤料的技术指标，其中可反映石英砂滤料机械强度的指标是（　　）。
A 密度　　　　B 含泥量　　　C 破碎率和磨损率　D 灼烧减量

46. 滤料破碎率测定中，需称量（　　）的样品质量。
A 通过筛孔径 0.25mm
B 截留在筛孔径 0.5mm 上
C 通过筛孔径 0.5mm
D 通过筛孔径 0.5mm 而截留于筛孔径 0.25mm 筛上

47. 滤料磨损率测定中，需称量（　　）的样品质量。
A 通过筛孔径 0.25mm
B 截留在筛孔径 0.5mm 上
C 通过筛孔径 0.5mm
D 通过筛孔径 0.5mm 而截留于筛孔径 0.25mm 筛上

48. 测定滤料含泥量，要求将筛上截留的颗粒和洗净的样品干燥至恒量后，取（　　）质量作为测定结果。
A 最后两次平均　　　　　　　B 倒数第二次
C 最后一次或倒数第二次　　　D 最后一次

49. 下列石英砂滤料含泥量的测定步骤中，说法错误的是（　　）。
A 测定前，应保持筛的干燥
B 应称取干燥的滤料样品
C 操作过程中，应避免砂粒损失
D 应将筛上截留的颗粒和筒中洗净的样品一起进行干燥至恒重

50. 对滤料进行筛分试验时，以每分钟内通过筛的样品质量小于样品总质量的（　　）%，作为筛分终点。
A 0.1　　　　B 0.5　　　　　C 1.0　　　　　D 2.0

51. 煤质颗粒活性炭的性能检验一般分为物理性能检验、吸附性能检验和化学性能检验，下列属于物理性能检验的指标是（　　）。
A 水分　　　　B 碘吸附值　　C pH　　　　　D 比表面积

52. 反映活性炭吸附容量的指标是（　　）。
A 漂浮率　　　B 强度　　　　C 水分　　　　D 比表面积

81

53. 亚甲蓝吸附值指标主要用于反映活性炭（　　）。
A 对大分子物质的吸附能力
B 对小分子物质的吸附能力
C 脱色能力
D 表面化学性质

54. 在生活饮用水深度处理中，（　　）作为选择活性炭的首要控制要素。
A 比表面积　　　B pH　　　C 强度　　　D 碘吸附值

55. 碘吸附值指标主要用于反映活性炭（　　）。
A 对小分子物质的吸附能力　　　B 对大分子物质的吸附能力
C 对极性物质的吸附能力　　　D 脱色能力

56. 苯酚吸附值代表活性炭对（　　）的吸附能力。
A 非极性物质　　　B 无机化合物
C 极性有机物和小分子芳环类物质　　　D 大分子有机物

57. 在活性炭的吸附等温线上，用（　　）浓度为 0.02mol/L 时每克试样吸附的碘量表示活性炭对碘的吸附值。
A 消耗碘　　　B 剩余碘
C 碘标准滴定溶液　　　D 硫代硫酸钠标准滴定溶液

58. 测定活性炭的碘吸附值所用的滴定方法是（　　）。
A 酸碱滴定　　　B 沉淀滴定　　　C 配位滴定　　　D 氧化还原滴定

59. 测定活性炭中亚甲蓝吸附值，需要对所用的（　　）溶液进行标定。
A 磷酸二氢钾　　　B 碘化钾　　　C 硫酸铜　　　D 亚甲蓝

60. 测定活性炭中亚甲基蓝吸附值所用的方法是（　　）。
A 直接观察法　　　B 滴定法　　　C 电化学法　　　D 分光光度法

61. 关于活性炭中水分的测定，下列说法错误的是（　　）。
A 称量瓶在使用前应预先烘干并恒重
B 恒重后，如果最后一次称量的质量相比前一次增加，应以最后一次称量的质量为准
C 应将装有试样的称量瓶打开盖子进行干燥
D 应将称量瓶盖上盖子，放入干燥器内冷却至室温

62. 测定活性炭中水分所用的方法是（　　）。
A 沉淀法　　　B 气化法　　　C 滴定法　　　D 分光光度法

二、多选题

1. 为保证被检样品结果的可靠性，涉水产品抽样中需遵循的原则有（　　）。
A 抽取的样品应具有代表性
B 样品不得从破损或泄漏的包装中采集
C 样品应装入干净、洁净的样品瓶中保存
D 样品应进行充分混合后再抽样
E 抽取的样品除供正常检测用以外，一般还需留存一份样品备查

2. 下列关于水处理剂及涉水产品抽样工具的说法中，描述正确的有（　　）。
   A　抽样工具的材料应具有不与样品发生化学反应的性质
   B　抽样工具应便于使用和清洗
   C　固体样品可使用采样针进行抽样
   D　液体样品可使用采样勺或采样管进行抽样
   E　抽取液体样品不可使用金属抽样工具

3. 关于液体水处理剂的抽样方法，下列说法正确的有（　　）。
   A　应将能够混匀的样品进行充分混合后抽样
   B　样品应放入冰箱中保存
   C　在桶装容器中抽样可遵循在贮存罐中抽样的方法
   D　抽取的样品应装入干燥、洁净的容器中保存
   E　除供正常检测用以外，一般还需留存一份样品备查

4. 关于固体水处理剂的抽样方法，下列说法正确的有（　　）。
   A　应将样品混合均匀后进行抽样
   B　样品不得从破损或泄漏的包装中采集
   C　除供正常检测用以外，一般还需留存一份样品备查
   D　抽取的样品应装入干燥、洁净的容器中保存
   E　适用于石灰样品的抽样

5. 聚氯化铝作为常用的混凝剂，下列说法正确的有（　　）。
   A　聚氯化铝不溶于水，净化效率高
   B　聚氯化铝是一种无机高分子混凝剂
   C　聚氯化铝按形态可分为液体和固体两类
   D　聚氯化铝相比氯化铁而言，不会腐蚀水处理设施
   E　聚氯化铝 pH 适用范围宽

6. 《生活饮用水用聚氯化铝》GB 15892—2020 中规定了对聚氯化铝进行检测和验收的指标，其中评价其产品质量优劣的指标有（　　）。
   A　氧化铝的质量分数　　　　　　　B　铁的质量分数
   C　密度　　　　　　　　　　　　　D　不溶物的质量分数
   E　六价铬（Cr^{6+}）的质量分数

7. 聚合硫酸铁为常用的混凝剂，下列说法正确的有（　　）。
   A　是一种无机高分子混凝剂　　　　B　分为固体和液体两种
   C　按用途可分为Ⅰ类和Ⅱ类两类　　D　在水中溶解性好
   E　不含氯离子，会腐蚀水处理设施

8. 石灰在水处理中的作用主要有（　　）。
   A　调节水体 pH　　　　　　　　　 B　去除钙镁，软化水质
   C　去除浑浊度　　　　　　　　　　D　去除水中有机物
   E　降低水体色度

9. 在水处理中有时会投加氢氧化钠用以（　　）。
   A　消除水的硬度　　　　　　　　　B　降低水的浊度

C 调节水的pH D 去除水的有机物
E 通过沉淀消除水中重金属离子

10. 加矾量试验是模拟水处理工艺中（　　）环节的工作原理。
A 混凝 B 沉淀
C 过滤 D 消毒
E 深度处理

11. 加矾量试验可用于确定水处理过程中的（　　）等工艺参数。
A 混凝剂、絮凝剂种类 B 混凝剂、絮凝剂用量
C 水的pH D 水的温度
E 药剂投加顺序

12. 加矾量试验中，与速度梯度G相关的参数有（　　）。
A 搅拌机转速 B 搅拌机浆板宽度
C 烧杯内径 D 烧杯内水深度
E 水的黏度

13. 可用于净水处理的消毒剂有（　　）。
A 液氯 B 二氧化氯
C 臭氧 D 次氯酸钠
E 漂白粉

14. 关于次氯酸钠的说法，下列说法错误的有（　　）。
A 外观为淡黄色的液体 B 有似臭鸡蛋的气味
C 是一种强还原剂 D 是一种常用的消毒剂
E 也可作为漂白剂使用

15. 影响需氯量试验结果的因素主要有（　　）。
A 水中加氯量 B 反应接触时间
C 水的pH D 水的温度
E 水的色度

16. 关于石英砂的说法，下列正确的有（　　）。
A 是广泛使用的滤料 B 截污能力强
C 机械强度高 D 内部有微孔结构
E 可对水中细微的悬浮物进行阻拦

17. 《煤质颗粒活性炭 净化水用煤质颗粒活性炭》GB/T 7701.2—2008中决定活性炭吸附效果的指标有（　　）。
A 水分 B 比表面积
C 粒度 D 碘吸附值
E 亚甲蓝吸附值

18. 关于活性炭的特点，下列说法正确的有（　　）。
A 为暗黑色无定形粒状物或粉末
B 不溶于任何溶剂
C 含有大量微孔，具有巨大的比表面积

D 比表面积越大，可吸附在细孔壁上的物质越多

E 能有效去除色度、臭和味以及有机物等多种污染物

19. 在水处理过程中投加活性炭可明显去除水中的（　　）。

A 色度　　　　　　　　　　　B 臭和味

C 氨氮　　　　　　　　　　　D 杀虫剂

E 除草剂

三、判断题

（　）1. 同一天内交货，且生产日期、批号相同的水处理剂为一批次。

（　）2. 硫酸铝是一种无机高分子絮凝剂，按形态分为液体和固体两类。

（　）3. 硫酸铝按用途可分为Ⅰ类和Ⅱ类两类，Ⅰ类为饮用水用。

（　）4. 测定硫酸铝的pH，应将试样用含有二氧化碳的水溶解、稀释、定容后，再用酸度计进行测定。

（　）5. 测定生石灰中有效氧化钙含量，应将水倒入生石灰样品中进行消化。

（　）6. 固体氢氧化钠溶解时会放热，因此要做好防护，防止溶液或粉尘接触皮肤。

（　）7. 氢氧化钠易溶于水，是一种具有强腐蚀性的强碱。

（　）8. 氢氧化钠总碱量的测定，应在密闭容器中进行。

（　）9. 加矾量试验的结果可以指导水生产工估算混凝剂投加量。

（　）10. 加矾量试验既可用于指导投加混凝剂，又可以通过试验结果来判断和评估混凝剂本身的产品性能。

（　）11. 加矾量试验投药前，应用纯水将各试剂管中的药剂稀释至相同体积。

（　）12. 加矾量试验中，根据出水浊度及混凝剂投加量的关系绘制曲线图，根据沉淀池出水浊度指标的要求，在该图上即可查得对应的加矾量。

（　）13. 加矾量试验中，搅拌机转速和时间的设定可照搬其他工艺参数。

（　）14. 测定次氯酸钠中的有效氯含量使用的是直接碘量法。

（　）15. 需氯量试验的结果与水生产中消毒剂的投加量无相关性。

（　）16. 需氯量试验所用的氯水，浓度会随时间而逐渐降低，因此应在每次试验时对其重新标定后再行稀释。

（　）17. 需氯量试验所需玻璃器皿应用不含余氯的水进行浸泡，并在使用前用无氯的纯水冲洗。

（　）18. 必要时可作若干不同接触时间的需氯量试验，以确定最佳接触时间，保证试验效果。

（　）19. 高锰酸钾作为强氧化剂，应储存于阴凉通风的环境，远离火种和热源。

（　）20. 对氧化剂高锰酸钾的高锰酸钾含量指标进行测定时，指示剂是用高锰酸钾自身。

（　）21. 滤料筛分试验所用的是一组按筛孔由小到大的顺序从上到下套在一起，底盘放在最下部的试验筛。

（　）22. 活性炭的比表面积大，说明其细孔数量多，可吸附在细孔壁上的吸附质

就多。

（　　）23. 活性炭中水分，是将一定质量的活性炭试样烘干，以烘干后试样的质量占原试样质量的百分数来表示水分的质量分数。

四、问答题

1. 简述水处理剂聚氯化铝的净水原理。

2. 作为一名水质检验员，请谈一谈水厂化验室为何要定期开展加矾量试验？

3. 加矾量试验过程中，将搅拌条件分为 4 个过程。第一个过程，设定转速为 800 转/min，搅拌 30s，G 值为 $600s^{-1}$；第二个过程，设定转速为 250 转/min，搅拌 90s，G 值为 $180s^{-1}$；第三个过程，设定转数为 100 转/min，搅拌 4min，G 值为 $35s^{-1}$；第四个过程，设定转数为 60 转/min，搅拌 6min，G 值为 $20s^{-1}$。请根据以上条件，求出 GT 值，并判断该 GT 值是否满足加矾量试验的基本要求。

4. 简述氧化剂高锰酸钾中高锰酸钾含量的检测原理。

5. 需氯量试验中，使用 0.0500mol/L 的硫代硫酸钠标准溶液滴定 50mL 氯水，滴定至终点时共消耗 5.70mL 的硫代硫酸钠标准溶液，请问氯水的浓度为多少（$M_{1/2\,Cl_2}$ = 35.46g/mol）？

6. 简述对石英砂进行筛分试验时，测定其有效粒径 d_{10} 的操作步骤。

第8章 安全生产知识及职业健康

一、单选题

1. 实验操作过程中不慎将化学试剂溅湿地面，应当（　　）。
   A　将试剂回收至试剂瓶　　　　　B　用拖把清理地面
   C　等待地面自然晾干　　　　　　D　立即妥善处理并提醒现场其他实验人员
2. 下列物质彼此混合时，不会引起火灾事故的是（　　）。
   A　金属钠和煤油　　　　　　　　B　生石灰和水
   C　活性炭和硝酸铵　　　　　　　D　棉花和浓硫酸
3. 实验室（　　）必须保证本单位危险化学品的安全管理符合有关法律、法规和规章的规定，并对本单位危险化学品的安全负责。
   A　主要负责人　　B　安全管理人员　　C　仓库管理员　　D　技术人员
4. 因见光易分解，故下列化学试剂在存放中应避光保存的是（　　）。
   A　氯化钠　　　　B　硝酸钾　　　　　C　三氯甲烷　　　D　环己烷
5. 实验室易燃易爆化学试剂仓库内的照明灯具应选用（　　）。
   A　节能灯　　　　B　防爆灯　　　　　C　应急灯　　　　D　白炽灯
6. 下列不属于易燃类液体的化学试剂是（　　）。
   A　甲醇　　　　　B　四氯化碳　　　　C　乙酸乙酯　　　D　丙酮
7. 腐蚀性化学试剂指能够腐蚀人体、金属和其他物质的化学试剂，一般分为（　　）两类。
   A　氧化性和还原性　　　　　　　B　酸性和碱性
   C　易燃和易爆　　　　　　　　　D　挥发性和半挥发性
8. 下列关于生物检测产生的废弃物处置措施，说法错误的是（　　）。
   A　废弃或过期的阳性培养基和菌种应高压灭菌消毒后再丢弃
   B　两虫阳性滤囊用热肥皂水或6％次氯酸溶液灭活
   C　阳性玻片用紫外灯或100℃高温灭活
   D　可以直接和生活垃圾一同丢弃
9. 易燃易爆化学试剂日常储存必须保存在（　　）。
   A　防爆试剂柜　　B　试剂台　　　　　C　通风橱　　　　D　冰柜
10. 实验操作过程中有毒化学试剂可能进入人体，最常见、最容易的途径是通过（　　）。
    A　皮肤　　　　　B　眼睛　　　　　　C　呼吸道　　　　D　消化道
11. 下列不属于常用实验室个体防护装备的是（　　）。
    A　橡胶手套　　　B　防尘口罩　　　　C　纸巾　　　　　D　实验工作服
12. 当实验人员眼部不慎接触到腐蚀性化学物质时，可使用（　　）及时对受伤部位进行应急处理。

A 护目镜　　　　B 防毒面具　　　　C 洗瓶　　　　D 洗眼器

13. 简单压力容器的设计压力，规定是应小于或者等于（　　）MPa。

A 1.6　　　　B 1.8　　　　C 2.0　　　　D 2.5

14. 实验室应急冲淋装置是对人员身体进行（　　）的安全防护装备，情况严重的必须及时就医。

A 初步应急处理　　B 妥善处理　　C 医学诊断　　D 医疗救护

15. 实验人员在操作强氧化性、腐蚀性、有毒化学试剂时，应穿戴个体防护装备在（　　）进行实验操作。

A 空旷地点　　　　B 实验台　　　　C 通风橱　　　　D 水池

16. 关于实验室易燃易爆化学试剂存放要求，下列说法错误的是（　　）。

A 应存放在阴凉通风处

B 临时存放在冰箱时应使用防爆冰箱

C 可以和强氧化剂存放在一起

D 储存环境温度不能过高，周围不得有明火

17. 当有人触电时，下列使触电人员脱离电源的做法错误的是（　　）。

A 借助工具使触电者脱离电源　　B 抓触电人的手

C 抓触电人的干燥外衣　　　　　D 切断电源

18. 在操作电气设备时，如发现设备工作异常，应（　　）。

A 立即停机并报告相关负责人　　B 关机

C 继续使用，注意观察　　　　　D 停机自行维修

19. 操作高压灭菌器过程中，加热或冷却都应（　　），尽量避免操作中压力频繁和大幅度波动。

A 先快后慢　　B 先慢后快　　C 缓慢进行　　D 快速进行

20. 高压灭菌设备验收中，可通过设备的（　　）直观的判断其是否为简单压力容器。

A 容积　　　　B 材质　　　　C 压力表　　　　D 铭牌

21. 为防止重新充气时发生危险，实验室气体钢瓶使用后，对瓶内残余气体压力要求表述正确的是（　　）。

A 无要求，用完为止　　　　　B 压力不低于0.05MPa

C 压力不低于0.1MPa　　　　　D 压力不低于1.0MPa

22. 使用灭火器灭火时，灭火器的喷射口应对准火焰的（　　）。

A 上部　　　　B 中上部　　　　C 中部　　　　D 根部

23. 实验室发生电气火灾事故时，在力所能及的情况下首先应该采取的措施是（　　）。

A 拨打110　　B 切断电源　　C 扑灭明火　　D 逃离现场

24. 下列不适用于扑灭实验室电气设备火灾的灭火器是（　　）。

A 泡沫灭火器　　　　　　　B 二氧化碳灭火器

C 四氯化碳灭火器　　　　　D 干粉灭火器

25. ☢ 这个标识的含义是（　　）。

A　当心火灾　　　B　当心电离辐射　　　C　当心高压电　　　D　当心爆炸

26. ☣ 这个标识的含义是（　　）。

A　当心生物危害　B　当心毒物　　　C　当心电离辐射　　　D　当心爆炸

27. 这个标识的含义是（　　）。

A　当心电离辐射　B　当心生物危害　C　当心火灾　　　D　当心冻伤

28. CORROSIVE 这个标识的含义是（　　）。

A　爆炸性　　　B　易燃性　　　C　刺激性　　　D　腐蚀性

29. 按照《国家危险废物名录》（2021年版）对危险废物的分类，下列不属于危险废物类别的是（　　）。
A　废有机溶剂和含有机溶剂废物　　　B　医疗废物
C　含汞废物　　　　　　　　　　　D　生活垃圾

30. 实验室使用后剩余的少量浓酸、浓碱，正确处置方式是（　　）。
A　不经处理，直接向下水道倾倒　　　B　用大量水沿下水道冲走
C　直接倾倒入卫生间下水道　　　　　D　中和后倾倒，并用大量的水冲洗管道

31. 实验室安全事故应急处理结束后，首先应及时（　　），并做好善后处置工作。
A　解除警报　　　B　恢复检测工作　　　C　通知领导　　　D　撰写报告

32. 实验室危险废物存储位置必须张贴（　　）。
A　安全警示标识　　　　　　B　危险警示标识
C　危险废物警示标识　　　　D　消防警示标识

33. 疏散走道及其转角处的安全警示标识宜设置在（　　）。
A　走道地面上　　　　　　　B　走道顶部
C　距地面1m以下墙面上　　　D　距地面1m以上墙面上

34. 存储易制毒易制爆化学品的容器，使用完的空瓶正确的处置方式是（　　）。
A　随生活垃圾丢弃　　　　　B　集中收集起来由专业公司处置
C　用水洗净后循环使用　　　D　敲碎空瓶后丢弃

35. 不相容的危险废弃物必须分开存放，禁止在同一容器内混装，如（　　）不可以混合在一起贮存。

A　硫酸汞和氯化汞　　　　　　　　B　硫酸和硝酸
C　石油醚和乙酸乙酯　　　　　　　D　高锰酸钾和甘油

36. 当实验室发生安全事故，造成人员人身伤害时，急救的原则是(　　)。
A　先抢救，后固定，再搬运　　　　B　先固定，后搬运，再抢救
C　先抢救，后搬运，再固定　　　　D　先固定，后抢救，再搬运

37. 对实验室废弃的有毒有害固体化学试剂正确的处置方式是(　　)。
A　不经处理丢弃在生活垃圾处　　　B　直接倾倒入卫生间下水道
C　溶解到水中，倒入下水道　　　　D　集中收集起来由专业公司处理

38. 实验室应建立安全应急预案，并定期组织开展(　　)。
A　预案完善　　B　宣传教育　　C　员工交流　　D　安全应急演练

39. 实验室事故发生时，在不危及人身安全、力所能及的情况下，现场人员应采取的有效应对措施是(　　)。
A　阻止人员进入　B　原地等待救援　C　阻断事故源　D　迅速撤离现场

40. 当有异物进入眼内，错误的处置措施是(　　)。
A　用手揉眼，把异物揉出来　　　　B　用清水冲洗眼睛
C　使用洗眼器应急处置　　　　　　D　及时就医

41. 实验操作过程中，实验人员不慎被玻璃割伤，伤口较大且出血较多时，应(　　)。
A　大量水冲洗　　　　　　　　　　B　使用创可贴包扎
C　直接用碘酊消毒即可　　　　　　D　包扎止血处理后，及时就医

42. 下列不会灼伤皮肤的化学试剂是(　　)。
A　硫化钠　　B　氯化钾　　C　溴化钾　　D　黄磷

43. 实验室发生人员触电时，被电击的人能否获救，关键在于(　　)。
A　触电的方式　　　　　　　　　　B　人体电阻的大小
C　触电部位　　　　　　　　　　　D　能否尽快脱离电源和施行紧急救护

44. 救助因吸入刺激性气体而中毒的人员时，救助人员应首先佩戴好(　　)，再进入事故现场进行施救。
A　手套　　B　护目镜　　C　纱布口罩　　D　过滤式防毒面罩

二、多选题

1. 化学试剂存放时应注意将(　　)分开存放。
A　强酸与强碱　　　　　　　　　　B　无机盐和指示剂
C　氧化剂与还原剂　　　　　　　　D　易制毒试剂与易制爆试剂
E　进口试剂与国产试剂

2. 实验室易制毒、易制爆化学试剂管理措施正确的有(　　)。
A　储存在配备防盗报警装置的专用药品仓库
B　存放于实验台的下柜中
C　设置安全警示标识
D　按化学性质分类存放

E 实行双人收发、双人保管制度

3. 强氧化剂在适当条件下可放出氧气发生爆炸,存放和使用这类化学试剂的注意事项有( )。
A 环境温度不宜过高   B 通风要良好
C 通风橱内操作   D 须与酸类、易燃物、还原剂等隔离存放
E 双人操作

4. 实验室生物安全防护的目的主要有( )。
A 确保实验室其他工作人员不受实验对象侵染
B 确保生物室洁净度
C 确保周围环境不受其污染
D 保证得到理想的实验结果
E 保护试验者不受实验对象侵染

5. 实验室用电应注意的安全事项有( )。
A 实验前先检查用电设备,再接通电源
B 电器设备应配备空气开关和漏电保护器
C 电源保险丝烧断后,可用金属导线连接应急
D 尽量避免使用大功率明火加热设备
E 不允许在通电时用湿手接触电器或电源插座

6. 气体钢瓶按照盛装介质的物理状态分类,主要有( )。
A 永久性气体钢瓶   B 液化气体钢瓶
C 溶解气体钢瓶   D 挥发气体钢瓶
E 高压气体钢瓶

7. 实验室电源插座损坏时,容易造成的安全事故有( )。
A 吸潮漏电   B 空气开关跳闸
C 触电伤害   D 电气火灾
E 仪器设备损坏

8. 实验室人员经常与( )化学试剂直接接触,应提高人员安全防护意识,保障人员人身安全。
A 普通   B 毒性
C 腐蚀性   D 易燃性
E 爆炸性

9. 危险废物具有的危险特性主要有( )。
A 腐蚀性   B 毒性
C 易燃性   D 挥发性
E 可溶性

10. 实验室常用的个人防护用品主要有( )。
A 工作服   B 手套
C 口罩   D 护目镜
E 洗眼器

11. 必须佩戴各类防护手套的实验操作主要有（　　）。
　A　接触有毒有害物质　　　　　　B　配制腐蚀性化学试剂
　C　配制纯水　　　　　　　　　　D　操作高温、低温设备
　E　操作微生物实验

12. 在操作高压灭菌器过程中，实验人员应注意的安全操作要点主要有（　　）。
　A　了解高压灭菌器的最高工作压力、最高或最低工作温度等参数
　B　了解实验方法所需的工作压力、温度等参数要求
　C　了解掌握高压灭菌器的安全操作规程以及日常维护的注意事项
　D　高压灭菌器的加热或冷却操作都应缓慢进行
　E　高压灭菌器运行期间，实验人员应定期巡查

13. 下列适用于扑灭实验室电气设备火灾的灭火器有（　　）。
　A　干粉灭火器　　　　　　　　　B　二氧化碳灭火器
　C　四氯化碳灭火器　　　　　　　D　泡沫灭火器
　E　水

14. 存放可燃性气体钢瓶的地方应注意的事项主要有（　　）。
　A　阴凉通风　　　　　　　　　　B　严禁明火
　C　密闭存储　　　　　　　　　　D　有防爆设施
　E　有钢瓶固定装置

15. 对甲醇、乙醚、乙醇等可燃液体的初起火灾，应当使用的灭火器有（　　）。
　A　干粉灭火器　　　　　　　　　B　水
　C　泡沫灭火器　　　　　　　　　D　二氧化碳灭火器
　E　七氟丙烷灭火器

16. 应对火灾事故时，灭火的基本方法有（　　）。
　A　隔离法　　　　　　　　　　　B　窒息法
　C　冷却法　　　　　　　　　　　D　通风法
　E　化学抑制灭火法

17. 实验室应设立专门的仓库用于集中存储化学试剂，仓库应注意的事项主要有（　　）。
　A　保持一定的温湿度　　　　　　B　确保充足阳光照射
　C　配备通风设施　　　　　　　　D　指定专人负责保管
　E　定期检查

18. 实验室电气设备应绝缘良好，妥善接地，并配备电器安全装置如（　　），确保仪器设备使用安全。
　A　空气开关　　　　　　　　　　B　漏电保护器
　C　空调　　　　　　　　　　　　D　配电柜
　E　高压柜

19. 实验室存放危险化学品时，应注意的事项有（　　）。
　A　氧化剂、还原剂不能混放
　B　强酸不能与强氧化剂的盐类混放

C 氰化钾、硫化钠、氯化钠、亚硫酸钠不能与酸混放
D 易水解的试剂忌水、酸及碱
E 易燃易爆化学试剂存放在防爆试剂柜中

20. 下列关于存储实验室危险废物的房间或室内特定区域描述正确的有（　　）。
A 通风良好　　　　　　　　　B 密闭隔离
C 避免高温　　　　　　　　　D 远离火源
E 安装监控

21. 诱发实验室安全事故的原因主要有（　　）。
A 设备的不安全状态　　　　　B 人的不安全行为
C 不良的工作环境　　　　　　D 规章制度的缺失
E 安全管理的不到位

22. 实验室常见的呼吸防护装备按照其工作原理分类，主要有（　　）。
A 工业　　　　　　　　　　　B 民用
C 医用　　　　　　　　　　　D 过滤式
E 隔离式

23. 实验室气体钢瓶在搬运、充装及使用时应注意的事项有（　　）。
A 采购和使用有制造许可证的企业生产的合格产品
B 在搬动气体钢瓶时，应装上防震圈，旋紧安全帽
C 绝不允许用手抓住开关阀移动气瓶
D 气体钢瓶在使用前应进行安全状况检查
E 气体钢瓶在使用后，应留有一定残余压力

24. 物质的燃烧必须同时具备三个要素，即（　　）。
A 可燃物　　　　　　　　　　B 助燃物
C 传导物　　　　　　　　　　D 点火源
E 危险源

25. 实验室常用的安全警示标识主要分为（　　）四类。
A 警告标识　　　　　　　　　B 禁止标识
C 指令标识　　　　　　　　　D 提示标识
E 补充标识

26. 实验室常用的易制毒、易制爆化学品主要有（　　）。
A 盐酸　　　　　　　　　　　B 硫酸
C 高锰酸钾　　　　　　　　　D 硼氢化钾
E 硝酸银

三、判断题

（　　）1. 实验室应通过内部制度约束、人员培训和硬件更新等途径，不断提高安全管理水平。

（　　）2. 实验室检测区域应结构布局合理，对有危险或相互影响的区域进行有效的隔离。

（　　）3. 易制爆危险化学品，是指其本身不属于爆炸品，但可以用于制造爆炸品的原料或辅料的危险化学品。

（　　）4. 实验室产生的液体危险废物必须盛装在拧紧盖子的容器中，并摆放在托盘上储存。

（　　）5. 隔离式呼吸装备是根据过滤吸收的原理，利用过滤材料滤除空气中的有毒、有害物质。

（　　）6. 实验室安全管理中除了要遵循相关法规和标准外，还要根据实验室自身的特殊性制定具有可操作性的内部规章制度，如作业指导书、安全应急预案等。

（　　）7. 使用化学药品前应先了解常用化学品危险等级、危险性质及出现事故时的应急处理预案。

（　　）8. 安装回火防止器的乙炔钢瓶若发生气体泄露导致火灾事故，应立即使用灭火器进行灭火。

（　　）9. 应急冲淋装置只是对眼睛和身体进行初步的处理，不能代替医学治疗，情况严重的，必须及时就医。

（　　）10. 高压灭菌器操作过程中，加热或冷却都应快速进行，尽量避免操作中压力的频繁和大幅度波动。

（　　）11. 实验室使用的快开门式高压灭菌器属于简单压力容器，无须持证即可操作使用。

（　　）12. 液化气体钢瓶在正常环境温度下，液化气体始终处于液态状态，其气相的压力是相应温度下该气体的饱和蒸气压。

（　　）13. 黄沙可以用来扑灭因爆炸而引发的火灾。

（　　）14. 提示标识是向人们提供某种信息的图形标志，基本形式是正方形边框。

（　　）15. 排放到环境中的废弃物会将有害物质释放到空气、水以及土壤中，对人体不会造成伤害。

（　　）16. 实验室应建立废弃物收集、贮存台账，记录危险废弃物的贮存情况，制定危险废弃物事故防范措施和应急预案。

（　　）17. 对实验操作过程中产生的固体废弃物，如破损的玻璃器皿、一次性手套以及空试剂瓶等，可直接丢弃至垃圾桶内。

四、问答题

1. 什么是危险废物？
2. 化学试剂溅入眼内，在现场使用洗眼器冲眼时有哪些注意事项？
3. 案例分析：2009年12月，某大学化学实验室内存放乙醚和丙酮试剂的冰箱发生爆炸事故，并引发火灾，幸好现场扑救及时，未造成大的人员和财产损失。请分析事故发生原因，并提出安全改进措施。
4. 案例分析：2016年9月，上海某大学实验室，学生在混合浓硫酸、石墨烯和高锰酸钾的过程中发生爆炸事故，造成三人不同程度受伤。请分析事故发生原因，并提出安全改进措施。

化学检验员（供水）（五级 初级工）

理论知识试卷

注 意 事 项

1. 考试时间：90min。
2. 请仔细阅读各种题目的答题要求，在规定的位置填写您的答案。
3. 不要在试卷上乱写乱画。

	一	二	总分	统分人
得分				

得　分	
评分人	

一、**单选题**（共80题，每题1分）

1. 氧化还原电对的氧化态和还原态的离子浓度各为（　　）mol/L时，所测得的电势为该物质的标准氧化势 E_0。
   A　1　　　　B　2　　　　C　3　　　　D　4

2. 氧化还原反应的方向和反应的完全程度由氧化剂和还原剂两电对的（　　）差别来决定。
   A　电位　　　B　氧化势　　　C　标准氧化势　　　D　电子转移数

3. 根据电化学原理，电化学分析法主要有（　　）、库仑分析法和伏安分析法四种。
   ①电位分析法；②电导分析法；③电流分析法；④电量分析法
   A　①②　　　B　①③　　　C　①④　　　D　②④

4. 玻璃电极法测定水中pH，使用了（　　）。
   A　伏安分析法　　B　库仑分析法　　C　电位分析法　　D　电导分析法

5. 微生物的重要特征之一是（　　）。
   A　吸收少、转化慢　　　　　　B　比表面积小、繁殖慢
   C　适应性差，难变异　　　　　D　分布广泛、种类多

6. 以下属于细菌特殊结构的是（　　）。
   A　DNA　　　B　菌毛　　　C　细胞壁　　　D　细胞膜

7. ( )指标常用来判定饮用水是否直接被粪便污染。
①菌落总数；②总大肠菌群；③耐热大肠菌群；④大肠埃希氏菌
A ①②　　　　B ①③　　　　C ②④　　　　D ②③④

8. 取水点( )的水域不得排入工业废水和生活污水。
A 周围半径100m　　　　　　B 上游1000m至下游100m
C 上游1000m以外　　　　　　D 上游1000m至下游1000m

9. 给水处理工艺中，通过向水中投加( )，使水中的胶体颗粒和细小的悬浮物相互凝聚长大，形成絮状颗粒，使之在后续的工艺中能够有效地从水中沉淀下来。
A 沉淀剂　　　B 助凝剂　　　C 混凝剂　　　D 消毒剂

10. 聚氯化铝属于( )混凝剂，是目前水处理中应用较广的混凝剂。
A 高分子无机　B 高分子有机　C 低分子无机　D 低分子有机

11. 在自来水生产中，( )不是影响混凝效果的因素。
A 碱度　　　　B 色度　　　　C 水温　　　　D pH

12. 下列关于生活饮用水卫生标准的描述，错误的是( )。
A 为强制性标准　　　　　　　B 是保障饮用水安全的技术文件
C 是给水处理的指导性文件　　D 具有法律效力

13. 现行国家标准《生活饮用水卫生标准》GB 5749规定，出厂水中游离余氯应不低于( )mg/L。
A 0.05　　　　B 0.1　　　　C 0.2　　　　D 0.3

14. 通常使用( )容器作为测定金属、放射性元素和其他无机物的水样容器。
A 塑料　　　　B 不锈钢　　　C 石英玻璃　　D 硼硅玻璃

15. 采集用于测定( )指标的水样时应将容器注满，上部不留空间，并采用水封。
A 总硬度　　　B 溶解氧　　　C 硫化物　　　D 微生物学

16. 使用嗅觉层次分析法分析水中臭时，各分析人员先单独评价测试水样的异臭类型和异臭强度等级，再共同讨论确定水样的异臭类型，其中异臭强度等级应取( )。
A 最低值　　　B 最高值　　　C 平均值　　　D 中位值

17. 测定原水煮沸后的臭和味时，应将水样加热至( )，立即取下锥形瓶，稍冷后嗅气和尝味。
A 开始沸腾　　B 沸腾1min　　C 沸腾2min　　D 沸腾5min

18. 当玻璃电极法测定的水样pH>7.0时，应先使用( )定位，再复定位。
A 饱和氯化钾溶液　　　　　　B 苯二甲酸氢钾标准缓冲溶液
C 混合磷酸盐标准缓冲溶液　　D 四硼酸钠标准缓冲溶液

19. 乙二胺四乙酸二钠滴定法测定水中总硬度使用( )作指示剂。
A 铬蓝黑R　　B 铬黑T　　　C 甲基橙　　　D 钙指示剂

20. 《生活饮用水用聚合氯化铝》GB 15892—2020比其代替的GB 15892—2009新增加的指标是( )。
A 氯化铝的质量分数　　　　　B 铁的质量分数
C 密度　　　　　　　　　　　D 不溶物的质量分数

21. 《水处理用滤料》CJ/T 43—2005适用于( )过滤用滤料。

①生活饮用水；②工业用水；③农业用水；④废水
A ①②　　　　B ①③　　　　C ①④　　　　D ②③

22.《地表水环境质量标准》GB 3838—2002 中，依据地表水水域环境功能和保护目标，按功能高低依次将地表水划分为（　　）类。
A 四　　　　B 五　　　　C 六　　　　D 七

23. 移液枪不用时，量程应（　　），使弹簧处于松弛的状态，以保护弹簧。
A 保持使用时的刻度　　　　B 调至最小刻度
C 调至中间刻度　　　　　　D 调至最大刻度

24. 使用离心机时，下列说法错误的是（　　）。
A 启动时有振动和噪声应立即停机检查　　B 定期对离心室进行清污检查
C 低速时可以手动制动　　　　　　　　　D 对离心转子使用中性去污剂进行清理

25. 关于超净工作台的使用，下列说法错误的是（　　）。
A 可以除去大于 $0.3\mu m$ 的尘埃、细菌孢子等
B 可提供无尘无菌工作环境
C 超净空气流速不妨碍酒精灯的使用
D 超净空气流方向来源于多个方向

26. 下列玻璃仪器属于容器类的是（　　）。
A 烧杯　　　　B 量筒　　　　C 滴定管　　　　D 容量瓶

27. 量取易挥发液体时应选取（　　）。
A 烧杯　　　　B 容量瓶　　　　C 普通量筒　　　　D 具塞量筒

28. 对精密玻璃仪器进行洗涤时，下列说法错误的是（　　）。
A 可浸泡在洗涤液中洗涤　　　　B 必要时可用强碱性洗涤液进行浸泡
C 必要时可将洗涤液加热进行洗涤　　D 清洗时避免使用刷子

29. 下列方法中不适于干燥玻璃仪器的是（　　）。
A 烘干　　　　B 倒置晾干　　　　C 溶剂润洗后吹干　　　　D 吸水纸擦拭

30. 关于干湿球法测量湿度，下列说法错误的是（　　）。
A 空气中水蒸气未饱和时，湿球所示值比干球要低
B 空气中水蒸气饱和时，湿球所示值和干球相同
C 空气的相对湿度能直接读数
D 可以测量室内湿度和温度

31. 关于分析天平使用要求，下列说法错误的是（　　）。
A 避光、避振、防尘　　　　B 移动后直接使用
C 温湿度满足要求　　　　　D 避免气流影响

32. 使用表层温度计测量水温，当气温高于水温时，应（　　）。
A 测定一次即可　　　　　　B 测定两次取平均值
C 测定两次取温度值较高的一次　　D 测定两次取温度值较低的一次

33. 散射光浊度仪所示数据的单位是（　　）。
A NTU　　　　B ntu　　　　C °　　　　D %

34. 关于便携式余氯测定仪的操作，下列说法错误的是（　　）。

A 测定前应充分混匀测量瓶　　　　B 使用前无须校零
C 避免水样中产生气泡影响检测结果　D 避免使用有划痕和污染的样品瓶

35. 滴定分析法是将一种已知准确浓度的试液，通过滴定管滴加到被测物质的溶液中，直到物质间的反应达到（　）时，根据所用试剂溶液的浓度和消耗的体积，计算被测物质含量的方法。

A 中性点　　　B 滴定终点　　　C 滴定突跃点　　　D 化学计量点

36. 在滴定分析中直接滴定法不适用时，可采用（　）进行分析。
①返滴定法；②电位滴定法；③置换滴定法；④间接滴定法

A ①②③　　　B ①②④　　　C ①③④　　　D ②③④

37. 在实际滴定操作中，（　）与化学计量点不完全一致时造成的分析误差称为滴定误差。

A 反应终点　　　B 滴定终点　　　C 滴定突跃点　　　D 中性点

38. 酸碱滴定是利用（　）的颜色突变来指示滴定的终点。

A 反应物　　　B 生成物　　　C 指示剂　　　D 溶液

39. 指示剂过量，会产生滴定误差。指示剂用量通常控制在被滴定溶液体积的（　）%。

A 0.4　　　B 0.3　　　C 0.2　　　D 0.1

40. 当溶液中某难溶电解质的离子浓度乘积（　）其溶度积时，就能生成沉淀。

A 大于　　　B 等于　　　C 小于　　　D 大于等于

41. EDTA配位滴定法中，最常用的指示剂是（　）。

A 氧化还原指示剂　B 金属指示剂　C 自身指示剂　D 酸碱指示剂

42. 下列滴定法中，（　）滴定法可以用于测定各种变价元素及其化合物的含量。

A 酸碱　　　B 配位　　　C 沉淀　　　D 氧化还原

43. 水中化学需氧量的测定属于（　）。

A 重铬酸钾法　B 直接碘量法　C 高锰酸钾法　D 间接碘量法

44. 通过称量有关物质的质量来确定被测组分含量的分析方法被称为（　）。

A 滴定法　　　B 容量法　　　C 比重法　　　D 重量法

45. 在沉淀法对沉淀和称量的要求中，下列说法错误的是（　）。

A 沉淀颗粒应尽可能较小　　　B 沉淀的溶解度要小
C 沉淀应有确定的组成　　　　D 沉淀纯度要高，性质较稳定

46. 目视比色法操作时，检测人员应（　）观测。

A 从任意方向　B 从正下方向上　C 平视　D 从正上方向下

47. 荧光显微镜的工作原理是通过（　）激发强紫外线光源，照射被荧光抗体染料染色后的物体，使之发出荧光以便于观察。

A 空心阴极灯　B 卤素灯　　C 汞灯　　D 钨丝灯

48. 菌落总数平皿法的培养温度是（　）℃。

A 36±1　　B 37±1　　C 44.5±1　　D 44.5±0.5

49. 总大肠菌群在乳糖蛋白胨培养液中培养后产酸产气，然后接种到（　）培养基上进行鉴定试验。

A 伊红美蓝琼脂　　B 营养琼脂　　C MFC　　D EC肉汤

50. 使用滤膜法对耐热大肠菌群检测时，应选取孔径为（　　）μm的滤膜过滤水样。
A 0.22　　B 0.3　　C 0.4　　D 0.45

51. 对大肠埃希氏菌酶底物法结果进行判读，当水样（　　）时，表明大肠埃希氏菌呈阳性。
A 未变黄色但有蓝色荧光产生　　B 变黄色但无蓝色荧光产生
C 变黄色同时有蓝色荧光产生　　D 未变黄色且无蓝色荧光产生

52. 藻类采样时加入的鲁格试剂的主要成分是（　　）。
A 氢氧化钠和碘　　B 碘化钾和碘
C 氯化钠和碘　　D 氢氧化钠和碘化钾

53. 关于消毒与灭菌两者的不同点，下列说法正确的是（　　）。
A 灭菌更容易实现　　B 灭菌是杀灭或清除所有微生物
C 两者没有区别　　D 实验室只需要消毒

54. 培养基一般选用（　　）进行灭菌。
A 间歇灭菌法　　B 干热空气灭菌法
C 高压蒸汽灭菌法　　D 烧灼

55. 为保证被检样品结果的可靠性，涉水产品抽样中需遵循的原则中，下列说法错误的是（　　）。
A 样品应进行充分混合后再抽样
B 抽取的样品应具有代表性
C 每份样品都需抽样
D 抽取的样品除供正常检测用以外，一般还需留存一份样品备查

56. 将固体水处理剂及涉水产品混合均匀后，可（　　）进行抽样。
A 直接　　B 采用二分法　　C 采用三分法　　D 采用四分法

57. 测定滤料含泥量，要求将筛上截留的颗粒和洗净的样品干燥至恒量后，取（　　）质量作为测定结果。
A 最后两次平均　　B 倒数第二次
C 最后一次　　D 最后一次或倒数第二次

58. 聚氯化铝中氧化铝含量的测定属于（　　）滴定法。
A 配位　　B 沉淀　　C 酸碱　　D 氧化还原

59. 测定聚氯化铝的密度，应读取密度计（　　）的刻度。
A 平面　　B 弯月面　　C 弯月面上缘　　D 弯月面下缘

60. 测定聚合硫酸铁中全铁含量，应在（　　）条件下用氯化亚锡将三价铁还原为二价铁。
A 中性　　B 酸性　　C 弱碱性　　D 弱碱性

61. 测定聚合硫酸铁中的盐基度时，应使用（　　）将溶液调至酸性。
A 磷酸　　B 硫酸　　C 硝酸　　D 盐酸

62. 测定聚氯化铝中不溶物含量时，应将滤渣用水洗至无（　　）再烘干至恒重。
A 氯离子　　B 硫酸盐　　C 硝酸盐　　D 铝离子

63. 加矾量试验是在一定的原水水质、水处理工艺条件下，以沉淀后的（　）为主要目标，确定某一混凝剂合理投加量的试验。
   A 肉眼可见物　　B 透明度　　C 浑浊度　　D 色度

64. 矾花主要是在加矾量试验的（　）步骤形成的。
   A 快速搅拌　　B 慢速搅拌　　C 停止搅拌　　D 静止沉降

65. 下列参数中，对需氯量试验结果没有直接影响的是（　）。
   A 水的色度　　B 接触时间　　C pH　　D 温度

66. 需氯量既可通过利用余氯-投氯量曲线进行测定，也可使用（　）进行测定。
   A 银量法　　B 碘量法　　C 重铬酸钾法　　D 高锰酸钾法

67. 下列不是化合性氯的是（　）。
   A $NaClO$　　B NH_2Cl　　C $NHCl_2$　　D NCl_3

68. Cl_2及NaClO消毒，一般认为主要是（　）的作用。
   A HCl　　B NaOH　　C NaCl　　D HClO

69. 实验室应建立相关设备管理程序，明确维护要求，防止设备（　），确保其满足检验检测工作的要求。
   ①丢失；②租借；③污染；④性能退化
   A ①②　　B ①④　　C ③④　　D ②③

70. 仪器设备的技术指标下降，经维修调试后不能恢复原指标，但保留一定精度，仍可满足某些项目检测要求的，可（　）。
   A 继续使用　　B 降级使用　　C 永久停用　　D 报废处置

71. 根据实验室在用设备的性能及使用情况，有的设备还需要定期开展期间核查。对于需要开展期间核查的设备，通常在两次校准之间至少应安排（　）次期间核查。
   A 4　　B 3　　C 2　　D 1

72. 实验室常用的仪器设备中，不属于计量器具的是（　）。
   A 电子天平　　B 浊度仪　　C 水浴锅　　D 刻度吸管

73. 下列数值中，（　）的数字"0"不属于有效数字。
   A 0.26　　B 2.06　　C 2.60　　D 20.6

74. 数字修约时，将33.651修约到小数点后一位，得（　）。
   A 33.6　　B 33.7　　C 33.65　　D 33.5

75. 根据误差产生的原因和性质，可分为（　）、随机误差、过失误差三类。
   A 偶然误差　　B 操作误差　　C 系统误差　　D 平均误差

76. 绝对误差是指单一测量值或多次测量的均值与（　）之差。
   A 真值　　B 最低值　　C 平均值　　D 最高值

77. 精密度大小通常用（　）来表示。
   A 不确定度　　B 平均值　　C 回收率　　D 偏差

78. 实验人员应严格遵守仪器设备操作规程，使用前首先应（　）。
   A 填写环境记录　　　　　　B 填写仪器使用记录
   C 仔细检查仪器设备状态是否良好　　D 拟定工作计划

79.  标识的含义是（   ）。

A 当心火灾　　　B 当心电离辐射　　C 当心爆炸　　　D 当心高压电

80. 危险废物具有的危险特性主要有（   ）。
①腐蚀性；②毒性；③易燃性；④挥发性

A ①②③　　　　B ①②④　　　　C ①③④　　　　D ②③④

得　分	
评分人	

二、判断题（共20题，每题1分）

（　）1. 原电池是化学能转变为电能的装置。

（　）2. 地下水源水由于水质较好，处理方法比较简单，一般只需消毒处理即可。

（　）3. 生活饮用水是指供人生活的饮水。

（　）4. 水的总硬度包括暂时硬度和永久硬度。

（　）5. 采集用于微生物学指标检测的生活饮用水样品前，应对水龙头进行消毒。

（　）6. 用于检测 pH 指标的水样可常温保存。

（　）7. 《地下水质量标准》GB/T 14848—2017 适用于地下水的质量调查、监测、评价与管理。

（　）8. 《城市供水水质标准》CJ/T 206—2005 规定城市供水水质应符合：水中不得含有任何微生物；水中所含化学物质和放射性物质不能危害人体健康；水的感官性状良好。

（　）9. 纯水仪中的过滤耗材根据进水水质的不同，需经常检查、及时更换。

（　）10. 恒温培养箱使用过程中不用对温度进行监控并记录。

（　）11. 凡有配套塞、盖的玻璃仪器，必须保持原套装配，不得拆散使用和存放。

（　）12. 配位滴定法中，稳定常数（$K_稳$）用于衡量配位化合物稳定性大小。稳定常数越大，表示配位化合物的电离倾向越大，该配位化合物越不稳定。

（　）13. 利用比较溶液颜色深浅来测定物质含量的方法称作比色分析法。

（　）14. 水质检测实验室使用酶底物法进行检验时，必须在无菌环境中操作。

（　）15. 被污染的工作服、帽、口罩等，应放入生物废弃物处理袋中，经高压灭菌后才能洗涤。

（　）16. 滤料筛分试验所用的是一组按筛孔由小到大的顺序从上到下套在一起，底盘放在最下部的试验筛。

（　）17. 紫外线消毒处理是一种用紫外灯照射流过的水，以照射能量大小来控制消毒效果的过程。

(　　)18. 仪器设备安装、调试、验收合格后,应立即投入检测使用。

(　　)19. 化验员进行水质分析时应关注所用检测方法的版本,优先使用现行有效的标准方法。

(　　)20. 实验室检测区域应结构布局合理,对有危险或相互影响的区域需进行有效的隔离。

化学检验员（供水）（四级 中级工）

理论知识试卷

注 意 事 项

1. 考试时间：90min。
2. 请首先按照要求在试卷要求位置填写您的名字和所在单位名称
3. 请仔细阅读各种题目的答题要求，在规定的位置填写您的答案。
4. 不要在试卷上乱写乱画。

	一	二	三	四	总分	统分人
得分						

得　分	
评分人	

一、**单选题**（共80题，每题1分）

1. 关于数字"0"与有效数字之间的关系，下列表述正确的是(　　)。
   A 数值0.707中的"0"都是有效数字
   B 数值0.707中的"0"都不是有效数字
   C 数值7.070中的"0"都是有效数字
   D 数值7.070中的"0"都不是有效数字

2. 自然界中的物质一般以气、液、固三种相态存在，三种相态相互接触时，常把与(　　)接触的界面称为表面。
   A 固体　　　　　B 液体　　　　　C 气体　　　　　D 任意两相

3. 将玻璃毛细管插入水银内，可观察到水银在毛细管内(　　)的现象。
   A 上升　　　　　B 下降　　　　　C 先上升，后下降　　D 先下降，后上升

4. 分散性粒子大小为(　　)nm的分散系统叫作胶体分散系统。
   A <1　　　　　B 1~10　　　　　C 10~100　　　　D 1~1000

5. 分散介质中溶胶粒子永不停息、无规则的运动称为(　　)。
   A 沉降现象　　　B 电泳现象　　　C 布朗运动　　　D 丁铎尔效应

6. 臭氧-生物活性炭工艺的生物降解作用主要依靠(　　)完成。

A 生物膜　　　　　B 活性炭　　　　　C 氯气　　　　　D 臭氧

7. 需氧菌在分解糖类时，先分解转化为丙酮酸，最后彻底分解为（　　）。
①二氧化碳；②丙酮酸；③醇类；④水

A ①③　　　　　B ①④　　　　　C ②④　　　　　D ③④

8. 现行国家标准《生活饮用水卫生标准》GB 5749 规定，生活饮用水中菌落总数的限值为（　　）CFU/mL 或 MPN/mL。

A 1　　　　　B 10　　　　　C 100　　　　　D 1000

9. 使用（　　）对原水进行预氧化可控制水中氯酚、三卤甲烷的生成。

A 氯气　　　　　B 次氯酸钠　　　　　C 二氧化氯　　　　　D 高锰酸钾

10. 膜分离过程是一种纯物理过程，以（　　）为推动力实现分离。

A 重力　　　　　B 压力　　　　　C 吸力　　　　　D 离心力

11. 以活性炭为代表的吸附工艺是在（　　）中投加粉末活性炭，以改善混凝沉淀效果，去除水中的污染物。

A 混合池　　　　　B 沉淀池　　　　　C 滤池　　　　　D 澄清池

12. 生活饮用水中总α放射性的单位为（　　）。

A ％　　　　　B mg/L　　　　　C Bq/mL　　　　　D Bq/L

13. 现行国家标准《生活饮用水卫生标准》GB 5749 规定，生活饮用水中氨氮（以 N 计）的限值为（　　）mg/L。

A 0.3　　　　　B 0.4　　　　　C 0.5　　　　　D 0.6

14. 关于水样的运输，下列说法错误的是（　　）。

A 装有水样的采样容器一般应装箱保存、运输
B 水样装运前应与样品标签和采样记录进行核对，核对无误后才能装箱
C 如因路程遥远，可适当延长水样保存时间
D 采样容器之间应使用具有缓冲作用的材料予以填充，防止因碰撞而发生损坏

15. 采集测定有机物指标的水样时，应使用（　　）材质的采样容器。

A 聚丙烯　　　　　B 聚乙烯　　　　　C 聚四氟乙烯　　　　　D 玻璃

16. 对用于采集有机物指标的容器进行清洁时，需先用（　　）浸泡 24h，再进行后续洗涤工作。

A 合成洗涤剂　　　　　B 重铬酸钾洗液　　　　　C 盐酸　　　　　D 硝酸

17. 分光光度法测定水中氰化物，使用（　　）cm 的比色皿进行比色测定。

A 1　　　　　B 2　　　　　C 3　　　　　D 4

18. 铬天青 S 分光光度法测定水中铝加入巯基乙醇酸可消除（　　）的干扰。

A 铁　　　　　B 锰　　　　　C 铜　　　　　D 锌

19. 离子选择电极法测定水中氟化物，使用（　　）作为参比电极。

A 饱和甘汞电极　　　　　B 汞/硫酸亚汞电极
C 汞/氧化汞电极　　　　　D 银/氯化银电极

20. 《水处理剂 聚合硫酸铁》GB/T 14591－2016 规定生活饮用水用聚合硫酸铁的盐基度应为（　　）％。

A 8.0～10.0　　　　　B 8.0～16.0　　　　　C 10.0～15.0　　　　　D 10.0～16.0

21. 《煤质颗粒活性炭 净化水用煤质颗粒活性炭》GB/T 7701.2—2008 中决定活性炭吸附效果的指标是( )。
①水分；②比表面积；③粒度；④碘吸附值
A ①②　　　　B ②③　　　　C ②④　　　　D ③④

22. 《地下水质量标准》GB/T 14848—2017 把指标分为微生物指标、( )、感官性状和一般化学指标、放射性指标共4类。
A 有机指标　　B 无机指标　　C 毒理指标　　D 无机金属指标

23. 依据《城市供水水质标准》CJ/T 206—2005，管网水应每月检测不少于( )次。
A 1　　　　　B 2　　　　　C 3　　　　　D 4

24. 实验室常用的普通玻璃一般又称为( )玻璃。
A 钠钙　　　　B 低硼钠钙　　C 高硼酸盐　　D 石英

25. 实验室常使用( )溶液对无氯水进行检验。
A 氯化钠　　　B 硝酸银　　　C 氢氧化钾　　D 盐酸

26. 制备不含有机物蒸馏水的过程中，将( )溶液加入水中与水共沸，收集蒸馏。
A 硫酸　　　　B 氢氧化钠　　C 碱性高锰酸钾　　D 活性炭

27. 关于使用蒸馏方式进行精制技术，下列说法错误的是( )。
A 蒸馏分为简单蒸馏和精馏（分馏）
B 常用的蒸馏有：常压蒸馏、真空蒸馏、水蒸气蒸馏、共沸蒸馏
C 蒸馏时的冷凝水应自上而下流动
D 精馏技术常用于分离精炼复杂的混合物

28. 蒸馏是一种利用混合液体或液-固体系中各组分( )不同进行分离的过程。
A 沸点　　　　B 熔点　　　　C 溶解度　　　D 挥发性

29. 液液萃取是利用系统中组分在溶剂中有不同的溶解度来分离混合物的单元操作，其主要理论依据是( )。
A 分配定律　　B 溶解定律　　C 稳定定律　　D 物质守恒定律

30. 液液萃取操作中，当两种溶剂因部分互溶而发生乳化时，可通过加入( )进行破坏。
A 另一种萃取剂　B 电解质　　　C 纯水　　　　D 干燥剂

31. 配制标准滴定溶液所用试剂的级别应在( )及以上。
A 化学纯　　　B 分析纯　　　C 优级纯　　　D 色谱纯

32. 标定标准滴定溶液时，取两人八平行标定结果的平均值为标定结果，报出结果取( )位有效数字。
A 3　　　　　B 4　　　　　C 5　　　　　D 6

33. 当( )通过某均匀溶液时，溶液对光的吸收程度与液层厚度和溶液浓的乘积成正比，这称为朗伯-比尔定律。
A 单色光　　　B 复合光　　　C 自然光　　　D 平行光

34. 分光光度法具有( )的特点，因此既可以测定可见光区有特征吸收的有色物质，也可以测定紫外光区和红外光区有适当吸收的无色物质。

A 灵敏度高　　　　B 准确度高　　　　C 适用范围广　　　D 不存在干扰离子

35. 单波长双光束分光光度计最大的优点是克服了（　　）带来的测量误差。
①光源不稳定；②电压不稳定；③电流不稳定；④检测系统不稳定
A ①②　　　　　B ①③　　　　　　C ①④　　　　　　D ②④

36. 单光束分光光度计和双光束分光光度计的差异是由（　　）结构的不同造成的。
A 光源　　　　　B 分光系统　　　　C 单色器　　　　　D 切光器

37. 分光光度计中，（　　）是将透过吸收池的光信号转变为可测量的电信号的光电转换元件。
A 接收器　　　　B 检测器　　　　　C 抑制器　　　　　D 单色器

38. 使用比色皿进行吸光度测定时，显色液注入体积约为比色皿的（　　）％为宜。
A 20～30　　　　B 40～50　　　　　C 70～80　　　　　D 100

39. 以连续波长的红外线为光源照射样品，实现分子（　　）能级的跃迁，所得的吸收光谱即为红外吸收光谱。
A 平动和转动　　B 平动和跃动　　　C 振动和转动　　　D 振动和跃动

40. 使用红外测油仪对油类物质进行测定时，动植物油类的含量为油类与石油类含量的（　　）。
A 和　　　　　　B 差　　　　　　　C 商　　　　　　　D 积

41. 红外测油仪所使用的试剂在测量稳定性上受（　　）影响较大，使用时应与环境保持一致。
A 光照　　　　　B 酸度　　　　　　C 湿度　　　　　　D 温度

42. 水样经消解后，加入氯化亚锡将化合态的汞转变成（　　），用载气带入测汞仪的吸收池测定吸光度。
A 汞蒸气　　　　B 元素态汞　　　　C 一价汞　　　　　D 二价汞

43. 下列不是影响汞蒸气发生的因素是（　　）。
A 载气流量　　　B 温度　　　　　　C 酸度　　　　　　D 待测液汞含量

44. 以下微生物指标检验中，对（　　）进行检测时需用到荧光显微镜。
A 贾第鞭毛虫　　B 藻类　　　　　　C 细菌　　　　　　D 总大肠菌群

45. 显微镜光学系统中，（　　）是决定成像质量和分辨能力的最重要部件。
A 目镜　　　　　B 物镜　　　　　　C 聚光器　　　　　D 滤光片

46. 关于显微镜汞灯维护，说法错误的是（　　）。
A 汞灯工作时大量发热，工作环境不宜过高
B 汞灯不宜频繁开关，否则影响寿命
C 汞灯强度不足时应及时更换
D 汞灯可以随开随用，无须等待

47. 供水行业实验室检测常用接种方法有（　　）。
①液体接种；②平板涂布；③平行划线；④穿刺接种
A ①②　　　　　B ①③　　　　　　C ②③　　　　　　D ②④

48. 微生物接种试验中，（　　）属于液体标本接入液体培养基的接种操作。
A 菌落总数平皿法　　　　　　　　B 总大肠菌群滤膜法

C 耐热大肠菌群多管发酵法　　　　D 大肠埃希氏菌酶底物法

49. 革兰氏染色原理是基于革兰氏阳性菌和革兰氏阴性菌这两类细菌的（　　）结构和成分不同。
A 细胞壁　　　B 细胞核　　　C 细胞膜　　　D 细胞质

50. 革兰氏染色正确的操作顺序是（　　）。
①媒染；②复染；③初染；④脱色
A ①②③④　　　B ①③②④　　　C ④②③①　　　D ③①④②

51. 关于耐热大肠菌群在MFC培养基上特征菌落的描述，下列说法正确是（　　）。
A 灰色至奶油色菌落　　　　B 蓝色菌落
C 深紫黑色，具有金属光泽的菌落　　　D 深红色，不带或略带金属光泽的菌落

52. 聚氯化铝作为常用的混凝剂，下列说法正确的是（　　）。
①不溶于水，净化效率高；②按形态可分为液体和固体两类；③相比氯化铁而言，不会腐蚀水处理设施；④pH适用范围宽
A ①②③　　　B ①②④　　　C ①③④　　　D ②③④

53. 聚合硫酸铁作为常用的混凝剂，下列说法正确的是（　　）。
①是一种无机高分子混凝剂；②不含氯离子，会腐蚀水处理设施；③在水中溶解性好；④按用途可分为Ⅰ类和Ⅱ类两类
A ①②③　　　B ①②④　　　C ①③④　　　D ②③④

54. 水处理滤料中，（　　）具有使用广泛、机械强度高、截污能力强、耐酸性能好等特点。
A 无烟煤　　　B 石英砂　　　C 砾石　　　D 高密度矿石

55. 亚甲蓝吸附值用于表征活性炭（　　）。
A 对大分子物质的吸附能力　　　B 对小分子物质的吸附能力
C 脱色能力　　　　　　　　　　D 表面化学性质

56. 碘吸附值用于表征活性炭（　　）。
A 对大分子物质的吸附能力　　　B 对小分子物质的吸附能力
C 脱色能力　　　　　　　　　　D 表面化学性质

57. 测定氢氧化钠中的总碱量时，使用的是（　　）滴定法。
A 酸碱　　　B 沉淀　　　C 配位　　　D 氧化还原

58. 测定氢氧化钠中碳酸钠含量时，应先将碳酸钠转化成（　　）沉淀，再进行滴定。
A 碳酸镁　　　B 碳酸银　　　C 碳酸钙　　　D 碳酸钡

59. 石灰在净水处理中作为（　　）使用。
A 沉淀剂　　　B 助凝剂　　　C 混凝剂　　　D 催化剂

60. 测定供水处理用高锰酸钾中高锰酸钾含量时，使用（　　）滴定法。
A 氧化还原　　　B 酸碱　　　C 配位　　　D 沉淀

61. 极限数值"-325"修约到"十"数位为（　　）。
A -300　　　B -310　　　C -320　　　D -330

62. 对检出的离群值，应以（　　）作为处理离群值的依据。
A 检出水平　　　　　　　　　B 剔除水平

C 实际需要和以往经验　　　　　　　D 尽可能寻找其技术上和物理上的原因

63. 配制标准溶液系列时,已知浓度点不得小于( )个(含空白浓度),并根据浓度值与响应值绘制校准曲线。

A 5　　　　B 6　　　　C 7　　　　D 8

64. 关于测定下限的描述,以下说法错误的是( )。

A 是样品中被测组分能被定量测定的最小浓度或量
B 是样品中被测组分能被定性测定的最小浓度或量
C 需要满足一定正确度和精密度的要求
D 分析方法的精密度要求越高,测定下限高于检出限越多

65. 某些分光光度法是以扣除空白值后吸光度为( )的浓度值为检出限。

A 0.010　　B 0.020　　C 0.030　　D 0.040

66. 在一次实验中得到的测定值为2.27mg/L、1.95mg/L、2.06mg/L、2.18mg/L和2.14mg/L,标准偏差为0.12mg/L,那么其相对标准偏差为( )%。

A 5.52　　B 5.66　　C 5.86　　D 5.92

67. 现场填写检测记录出现填写失误时,可将原数据进行( )后,再填上新数据。

A 刮擦　　B 涂改　　C 杠改　　D 擦改

68. 实验室根据使用情况自行确定高压灭菌器的期间核查周期,一般不超过( )个月。

A 3　　　　B 6　　　　C 12　　　D 24

69. 实验人员操作( )时,无须持有"特种设备作业人员证"。

A 简单压力容器
B 具备快开门结构的高压灭菌器
C 工作温度最高为200℃的高压灭菌器
D 工作压力大于1.6兆帕的高压灭菌器

70. 操作高压灭菌器过程中,加热或冷却都应( ),尽量避免操作中压力的频繁和大幅度波动。

A 先快后慢　　B 先慢后快　　C 缓慢进行　　D 快速进行

71. 通常情况下,实验室对检定结果不合格,但仍满足检测方法要求的仪器设备粘贴( )标识。

A 绿色　　B 黄色　　C 蓝色　　D 红色

72. 实验室质量控制主要反映的是分析质量的( )如何,以便及时发现异常现象,随时采取相应的纠正措施。

A 公正性　　B 客观性　　C 持续性　　D 稳定性

73. 仪器操作规程的内容通常根据( )来编写。

A 检测方法　　B 技术规范　　C 设备使用说明书　　D 检定规程

74. 仪器操作规程是实验室重要的技术文件,通常由( )负责编写。

A 上级部门　　　　　　　　　　　B 实验室仓库管理员
C 实验室标准物质管理员　　　　　D 该设备使用人员或设备管理员

75. 仪器使用记录主要是为了( )而设计的。

A 记录检测过程　　　　　　　　　B 记录仪器使用状况
C 查询环境条件　　　　　　　　　D 人员培训

76. 加矾量试验的指导意义在于使水生产人员了解（　　）。
A 混凝效果，从而合理投加混凝剂　　B 消毒效果，从而合理投加混凝剂
C 过滤效果，从而合理投加混凝剂　　D 吸附效果，从而合理投加活性炭

77. 实验室发生电气火灾事故时，在力所能及的情况下首先应该采取的措施是（　　）。
A 打电话报警　　B 切断电源　　C 扑灭明火　　D 大声呼救

78. 当实验人员眼部不慎接触到腐蚀性化学物质时，可以及时对受伤部位进行应急处理的是（　　）。
A 护目镜　　B 防毒面具　　C 洗瓶　　D 洗眼器

79. 当有异物进入眼内，错误的处置措施是（　　）。
A 用手揉眼，把异物揉出来　　　　B 用清水冲洗眼睛
C 使用洗眼器应急处置　　　　　　D 及时就医

80. 实验室废弃的有毒有害固体化学试剂，正确处置的方式是（　　）。
A 不经处理丢弃在生活垃圾处　　　B 简单处理后丢弃在生活垃圾处
C 溶解到水中，倒入下水道　　　　D 集中收集起来由专业公司处理

得　分	
评分人	

二、**判断题**（共 20 题，每题 1 分）

（　　）1. 弯曲液面的附加压力与液体表面张力成反比，与曲率半径成正比。
（　　）2. 细菌生长曲线的测定方法分为生长量测定法和微生物计数法。
（　　）3. 臭氧-生物活性炭技术与预氯化处理结合使用，可提高水处理的吸附效果。
（　　）4. 储存样品的房间，必须对其进行环境监控和记录。
（　　）5. 纳氏试剂分光光度法测定水中氨氮所使用的纳氏试剂性质稳定，可长期使用。
（　　）6.《水处理剂 聚合硫酸铁》GB/T 14591—2016 仅适用于生活饮用水用聚合硫酸铁。
（　　）7.《地表水环境质量标准》GB 3838—2002 将项目分为地表水环境质量标准基本项目、集中式生活饮用水地表水源地补充项目和集中式生活饮用水地表水源地特定项目。
（　　）8. 熔制玻璃的原料可分为两大类：主要原料和辅助原料。
（　　）9. 对溶剂萃取精制的原理是利用液体中不同组分在溶剂中有不同溶解度来分离混合物。
（　　）10. 干法消解法又称干灰化法，是在一定温度下加热，使待测物质分解、灰化，留下的残渣再用适当溶剂溶解的方法。

(　　) 11. 直接标定和间接标定这两种标定方法，系统误差的大小是相当的。
(　　) 12. 亟待使用的比色皿若有水渍未干，可以放在火焰或电炉上进行加热、烘烤。
(　　) 13. 测汞仪的主要装置一般包括汞灯、气体吸收室、光电放大器及数据处理单元。
(　　) 14. 用于分离培养的琼脂培养基平板，使用前应先对琼脂表面进行干燥。
(　　) 15. 革兰氏阳性菌呈红色，革兰氏阴性菌呈紫色。
(　　) 16. 硫酸铝在水处理中用作絮凝剂，在不同的 pH 范围内去除的杂质不同。
(　　) 17. 离群值根据实际情况可分为上侧情形、下侧情形和双侧情形。
(　　) 18. 离群值是指样本中的一个或多个观测值离其他观测值距离较大。
(　　) 19. 对高压灭菌设备进行验收时，需进行灭菌效果测试。
(　　) 20. 收集实验室危险废弃物的容器应存放在符合安全和环保要求的房间或室内特定区域，并确保通风良好、避免高温、远离火源，禁止存放除危险废弃物及应急工具以外的其他物品。

化学检验员（供水）（三级 高级工）

理论知识试卷

注 意 事 项

1. 考试时间：90mim。
2. 请仔细阅读各种题目的答题要求，在规定的位置填写您的答案。
3. 不要在试卷上乱写乱画。

	一	二	三	总分	统分人
得分					

得 分	
评分人	

一、单选题（共60题，每题1分）

1. 现场加标样的测定结果能反映采样、运输过程中（　　）的变化。
　A 精密度　　　　B 一致度　　　　C 分散度　　　　D 准确度
2. 采用顶空－气相色谱法测定水中三氯甲烷，应先在采样瓶中加入（　　）作为保存剂。
　A 稀硫酸　　　　B 稀盐酸　　　　C 抗坏血酸　　　　D 硫代硫酸钠
3. 若需使用直接火焰原子吸收分光光度法测定水中溶解的金属，应加入（　　）酸化水样。
　A 硝酸　　　　B 盐酸　　　　C 硫酸　　　　D 铬酸
4. 仪器分析法测定水中总有机碳，即向水样中加入适当的氧化剂，或采用紫外催化（TiO_2）等方式，使水中有机碳转化为（　　）。
　A 一氧化碳　　　　B 二氧化碳　　　　C 甲烷　　　　D 甲醛
5. （　　）可测定水中碱金属和碱土金属离子的浓度。
　A 重量法　　　　B 气相色谱法　　　　C 离子色谱法　　　　D 液相色谱法
6. 嗅觉层次分析法测定水中嗅味，应将样品置于（　　）℃水浴中加热。
　A 40　　　　B 45　　　　C 50　　　　D 55
7. 流动注射法测定水中阴离子合成洗涤剂时，首先通过蠕动泵将样品与（　　）混合

111

反应成离子络合物，之后被氯仿萃取。

　　A　甲醇　　　　　B　碱性硼酸溶液　　C　酸性亚甲蓝溶液　D　碱性亚甲蓝溶液

8. 粪性链球菌经发酵法确信试验后，发现有粪性链球菌的存在，该菌落呈（　　）色。

　　A　蓝　　　　　　B　紫　　　　　　　C　棕黑　　　　　　D　深红

9. 水温在线监测仪进行性能试验时，采用经校验的在线监测仪，取实际水样连续6次测量结果（　　）的最大值作为其重复性。

　　A　绝对误差　　　B　极差　　　　　　C　相对极差　　　　D　回收率

10. 溶解氧在线监测仪采用膜电极法进行检测，是利用分子氧透过薄膜的扩散速率与电极上发生（　　）反应产生的电流成正比的原理测定溶解氧浓度。

　　A　置换　　　　　B　光学　　　　　　C　氧化　　　　　　D　还原

11. 电导率在线监测仪的检测原理是通过测定一定电压下水中两个电极之间的（　　）值来测定电导率。

　　A　电流　　　　　B　电阻　　　　　　C　电容　　　　　　D　功率

12. 氨氮在线监测仪采用铵离子选择电极法进行检测，原理是将水中游离态的氨在（　　）条件下转化为铵离子，铵离子透过电极表面的选择性透过膜产生电位差，通过检测电位差测定氨氮浓度。

　　A　中性　　　　　B　酸性　　　　　　C　弱碱性　　　　　D　强碱性

13. 气相色谱法是利用物质在两相中（　　）的不同进行分离的方法。

　　A　分配系数　　　B　分离系数　　　　C　平衡常数　　　　D　平衡系数

14. 在气相色谱中，（　　）对于控温精度要求较高。

　　A　载气　　　　　B　进样器　　　　　C　色谱柱　　　　　D　分流器

15. 载气在气相色谱仪各部件中通过的正确顺序是（　　）。

①气体净化管；②色谱柱；③进样系统；④检测系统

　　A　①③②④　　　B　③①④②　　　　C　③②①④　　　　D　①②③④

16. 气相色谱采用毛细管柱进行分流进样时，若分流出口的流量为25mL/min，通过色谱柱的流量为1mL/min，则其分流比为（　　）。

　　A　1∶25　　　　 B　25∶1　　　　　 C　1∶26　　　　　 D　26∶1

17. 气相色谱仪常用的检测器中，与氮磷检测器结构类似的是（　　）检测器。

　　A　热导　　　　　B　氢火焰离子化　　C　电子捕获　　　　D　火焰光度

18. 气相色谱仪使用极性色谱柱分析时，各组分按（　　）顺序出峰。

　　A　沸点由低到高　B　沸点由高到低　　C　极性由小到大　　D　极性由大到小

19. 气相色谱仪采用程序升温时，色谱柱最高使用温度可（　　）恒温时最高使用温度。

　　A　低于　　　　　B　略低于　　　　　C　高于　　　　　　D　略高于

20. 原子吸收分光光度法的原理是测定基态原子对光辐射能的（　　）吸收。

　　A　辐射　　　　　B　共振　　　　　　C　特征　　　　　　D　谱线

21. 原子吸收光谱仪的空心阴极灯所发射的谱线强度及宽度主要与灯的（　　）有关。

　　A　材质　　　　　B　工作电流　　　　C　工作电压　　　　D　预热时间

22. 原子吸收光谱的火焰原子化法利用（　　）使试样转化为气态原子。

A 电加热　　　　　B 氧化还原　　　　C 火焰热能　　　　D 化学还原

23. 为防止样品及石墨炉本身被氧化，检测过程要在惰性气体中进行，但（　）阶段为了捕捉完整的原子化信号需要停止通入惰性气体。

A 原子化　　　　　B 灰化　　　　　　C 净化　　　　　　D 干燥

24. 离子色谱法是利用色谱图的（　）定性，峰面积定量，从而确定水样中待测离子的浓度。

A 流速　　　　　　B 峰高　　　　　　C 保留时间　　　　D 响应值

25. 离子色谱仪分离系统的主要构件是（　）。

A 抑制器　　　　　B 淋洗瓶　　　　　C 保护柱　　　　　(D) 分离柱

26. 流动分析技术是一种（　）分析技术。

A 干化学　　　　　B 物理化学　　　　C 生物化学　　　　D 湿化学（液态化学）

27. 流动注射分析仪常用的进样方法是（　），即用一定体积试样以完整"试样塞"形式注入管道内含试剂的载流中。

A 反相进样　　　　B 正相进样　　　　C 定时进样　　　　D 分流进样

28. 原子荧光产生于光致激发，即基态原子吸收了特定波长的辐射能量后，原子外层的电子由基态跃迁到（　），该状态下原子很不稳定，在极短时间内会自发地以光辐射形式发射原子荧光释放能量，回到基态。

A 激发态　　　　　B 电离态　　　　　C 量子态　　　　　D 辐射态

29. 原子荧光光谱仪中应用最广泛的原子化器是（　）。

A 阴极溅射原子化器　　　　　　　　B 无火焰原子化器（石墨炉）

C 电热石英氩-氢火焰原子化器　　　D 等离子体原子化器

30. 原子荧光光谱仪适用于某些碳、氮、氧族元素的测定，它们的激发辐射落于（　）区域，氢化物通常为气态，具有挥发性。

A 近紫外光谱　　　B 远紫外光谱　　　C 近红外光谱　　　D 远红外光谱

31. α、β射线可以通过直接或间接的（　）作用，使人体的分子发生电离或激发，严重时会导致人体细胞的损伤和死亡。

A 电离　　　　　　B 激发　　　　　　C 辐射　　　　　　D 诱导

32. 下列参数中最能直接表示水中有机污染物总量的是（　）。

A 总硬度　　　　　B 总碱度　　　　　C 总碳　　　　　　D 总有机碳

33. 采用湿法氧化测定水中总有机碳（TOC）时，首先测得水样中（　）的浓度，后经消解反应测得总有机碳含量。

A 总碳（TC）　　　　　　　　　　　B 无机碳（IC）

C 可吹扫有机碳（POC）　　　　　　D 不可吹扫有机碳（NPOC）

34. 氮吹仪浓缩的正确步骤是：（　），开始氮吹。

①放置样品管；②安装调节针头；③打开流量阀

A ①②③　　　　　B ①③②　　　　　C ②①③　　　　　D ②③①

35. 作为气相色谱的一种前处理装置，顶空进样器的灵敏度主要取决于样品中气相与凝聚相之间的（　）系数关系。

A 选择 B 重力 C 分配 D 扩散

36. 吹扫捕集技术也被称为（　　）顶空技术。

A 气态 B 动态 C 固态 D 液态

37. 吹扫捕集技术最主要的问题是吹扫过程中大量（　　）被带出，对捕集管造成损害，所以应对其提前去除。

A 水蒸气 B 挥发性有机物 C 氮气 D 氦气

38. 关于生活饮用水中"两虫"指标的检测方法，下列说法错误的是（　　）。

A "两虫"检测方法步骤烦琐

B 需根据水体情况选择合适的检测方法

C 不同的检测方法都需要使用到滤囊

D 各方法都由富集-分离-染色-镜检组成

39. 贾第鞭毛虫的孢囊在荧光显微镜下呈椭圆形，孢囊壁会发出（　　）的荧光。

A 苹果绿 B 亮蓝色 C 亮黄色 D 深红色

40. 免疫磁分离荧光抗体法和密度梯度分离荧光抗体法的"两虫"检测方法中，（　　）无法处理高浊度水。

A Filta-Max Xpress 快速法 B Envirochek 法

C 滤膜浓缩法 D 滤囊浓缩法

41. 测量不确定度反映了被测量值的（　　）。

A 可靠性 B 准确性 C 分散性 D 有效性

42. 不确定度 A 类评定一般是利用（　　）通过计算获得结果。

A 最大残差法 B 最小二乘法 C 极差法 D 贝塞尔法

43. 对检测报告的更正或修改，下列说法正确的是（　　）。

A 已发出的报告不得修改

B 报告如需更正或修改应回收原报告，重新出具报告并予以记录

C 报告中的错误可手写杠改

D 审核检测报告发现错误时，由核对人员负责修改

44. 离子色谱泵的使用过程中如产生气泡，应当先停机（　　），再对淋洗液加压可排除泵内气泡。

A 检查活塞 B 检查单向阀

C 对淋洗液真空脱气 D 更换密封圈

45. 使用低本底 α、β 放射性测量仪测量样品后，一定要及时将（　　）取出，以免造成污染或损害。

A 铅室 B 样品盘 C 送样盘 D 放射源

46. 关于设备的期间核查，以下说法正确的是（　　）。

A 所有的设备都需要进行期间核查

B 只有校准的设备才需要进行期间核查

C 期间核查可以获得设备稳定性的信息

D 期间核查可以获得设备准确性的信息

47. 实验室对在用的计量器具按时间间隔和规定程序，定期进行的一种后续检定称

为( )。
A 校准　　　　B 首次检定　　　C 后续检定　　　D 周期检定

48. 实验室开展的质量控制，是一种为了将分析结果的( )控制在允许限度内而采取的控制措施。
A 精密度　　　B 误差　　　　　C 检测限　　　　D 平均值

49. 样品的( )，是指在没有被测物质的空白样品中（如纯水）加入一定量的标准物质，按样品的分析步骤进行测定，得到的结果与加入标准物质的理论值之比。
A 检测限　　　B 检出限　　　　C 空白加标回收率　D 相对偏差

50. 关于实验室间比对的意义，下列说法错误的是( )。
A 可以识别实验室间的差异
B 可确定某个实验室对特定试验的测量能力
C 可以向客户提供更高的可信度
D 必须利用有证标准物质来考查

51. 采用四分位法对能力验证/实验室间比对结果进行评价时，为了使评价结果不受过大或过小离群值的影响，一般采用( )代替平均值作为参考。
A 差值　　　　B 中位值　　　　C 最小值　　　　D 最大值

52. 下列测量结果及不确定度表示规范的是( )。
A 5.98±0.15　B 5.98±0.150　C 5.98±0.1　　D 5.98±0.2

53. 关于标准方法的方法验证工作，下列说法错误的是( )。
A 在初次使用标准方法前应开展方法验证工作
B 开展方法验证工作时，需要对方法的各项技术指标进行测定
C 方法验证时需要对实际样品进行检测
D 当方法发布了新版本时，检测人员按新方法开展检测工作时，需要先学习新方法

54. 深度处理工艺有利于减少水体中( )和氨氮浓度，从而保持水体生物稳定性。
A 微生物　　　B 有害物质　　　C 溶解性有机物　D 出水量

55. 开展职业技能培训的主要目的是使受训者获得或提高( )。
A 基础知识　　B 职业技能　　　C 文化水平　　　D 管理水平

56. 实验室安全事故应急预案由( )负责组织拟定。
A 安全生产管理人员　　　　　　B 设备管理员
C 科室负责人　　　　　　　　　D 检测人员

57. 当实验室发生安全事故，造成人员人身伤害时，急救的原则是( )。
A 先固定，后搬运，再抢救　　　B 先搬运，后固定，再抢救
C 先抢救，后固定，再搬运　　　D 先搬运，后抢救，再固定

58. 当化学试剂不慎溅入眼内时，实验人员应立即将眼睛置于洗眼器龙头( )，用大量清水冲洗眼部。
A 前方　　　　B 上方　　　　　C 下方　　　　　D 后方

59. 实验室应急冲淋装置是对人员眼部和身体进行( )的安全防护装备，受伤情况严重的必须及时就医。
A 妥善处理　　B 医学诊断　　　C 医疗救治　　　D 初步应急处理

60. 关于实验室易燃易爆化学试剂存放要求描述错误的是（　　）。
A　应存放在阴凉通风处
B　临时存放在冰箱时应使用防爆冰箱
C　可以和强氧化剂存放在一起
D　储存环境温度不能过高，周围不得有明火

得　分	
评分人	

二、**判断题**（共20题，每题1分）

（　　）1. 运输空白以纯水作样品，从采样现场又返回实验室。
（　　）2. "两虫"加标回收操作中可以对离心结束移去的上清液进行二次离心，提高回收率。
（　　）3. 气相色谱法无法对热不稳定的化合物进行分析，如丙烯酰胺。
（　　）4. 原子吸收分光光度法的应用广泛，可直接进行元素的形态分析和同位素分析。
（　　）5. 使用原子吸收光谱仪分析高浓度样品时，为保证工作曲线的线性动态范围，常选用次灵敏线作为吸收线。
（　　）6. 流动注射分析是在物理不平衡和化学不平衡时进行动态测定的技术。
（　　）7. 流动分析法检测水样时，若水样浊度较高，需对样品进行过滤或抽滤等预处理操作后方可上机检测。
（　　）8. 低本底α、β放射性测量仪是一种适宜强放射性测量的精密仪器。
（　　）9. 总有机碳（TOC）的湿法氧化（过硫酸盐氧化）法适于分析低浓度水样。
（　　）10. 氮吹仪又称氮气浓缩装置，氮气吹干仪。
（　　）11. 作为气相色谱的一种前处理技术，顶空进样是一种直接分析方式。
（　　）12. 顶空进样与吹扫捕集都属于气相色谱的前处理技术，其中顶空进样需对气液两相进行充分平衡，而吹扫捕集不需要。
（　　）13. "两虫"离心富集过程中，为提高效率，可在低速时进行刹车操作。
（　　）14. 测量不确定度评定，根据评定方法可分为A类评定和B类评定。
（　　）15. 检测报告必须以纸质报告形式出具。
（　　）16. 分析人员在每批检测过程中应同时分析一定比例已知浓度的质控样。
（　　）17. 实验室应编制检测工作流程图，明确从检测任务下达至检测结果发放的全部过程。
（　　）18. 质量记录是指对实验室质量管理的过程和结果进行记录的表格或文件。
（　　）19. 实验室人员培训的过程和考核结果无须记录存档。
（　　）20. 实验室的易制毒、易制爆化学试剂要分类存放。

三、多选题（共10题，每题2分。每题的备选项中有两个或两个以上符合题意。错选或多选不得分，漏选得1分）

1. 采样计划应包括（　　）。
   A 采样时间　　　　　　　　　B 采样地点
   C 采样数量　　　　　　　　　D 采样方法
   E 采样频率

2. 水质在线监测系统主要由（　　）组成。
   A 检测单元　　　　　　　　　B 数据记录单元
   C 数据报告单元　　　　　　　D 数据处理与传输单元
   E 结果计算单元

3. 根据工艺运行管理需要，应监测出厂水（　　）等指标。
   A pH　　　　　　　　　　　　B 浑浊度
   C 耗氧量　　　　　　　　　　D 溶解氧
   E 消毒剂余量

4. 离子色谱仪与高效液相色谱仪结构类似，由（　　）、检测系统和色谱工作站5个部分组成。
   A 前处理系统　　　　　　　　B 高压输液系统
   C 进样系统　　　　　　　　　D 分离系统
   E 背景校正系统

5. 氢化物发生-原子荧光光谱法的优点有（　　）。
   A 分析元素能够与可能引起干扰的样品基体分离，消除干扰
   B 能将待测元素充分富集、进样效率接近100%
   C 连续氢化物发生装置易于实现自动化
   D 不同价态的元素氢化物发生条件不同，可进行价态分析
   E 操作简便、分析速度快且不产生任何有毒物质

6. 使用固相萃取仪做样品前处理时，影响固相萃取效果的因素有（　　）。
   A 流速　　　　　　　　　　　B 样品pH
   C 吸附剂类型　　　　　　　　D 洗脱溶剂类型
   E 洗脱溶剂体积

7. 原子吸收光谱仪的石墨炉原子化器使用时应注意燃气开关与火焰熄灭的先后顺序，下列操作正确的是（　　）。
   A 先点火，后开气　　　　　　B 先开气，后点火
   C 先关气，后熄火　　　　　　D 先熄火，后关气
   E 同时开启，同时关闭

8. 气相色谱仪的氢火焰离子化检测器（FID）和喷嘴在正常使用下也会形成沉积物，

这些沉积物会导致的问题主要有(　　)。
　A　检测器灵敏度降低　　　　B　色谱柱固定相降解
　C　产生色谱噪声　　　　　　D　产生色谱毛刺峰
　E　空气、灰尘进入

9. 流动注射分析仪的蠕动泵长期不工作时，应将泵管(　　)。
　A　保持压紧　　　　　　　　B　松开卸下
　C　保持湿润　　　　　　　　D　清洗泵干
　E　直接更换

10. 实验室存放各类化学试剂的仓库须规范管理，应做到(　　)。
　A　根据试剂特性分类存放，摆放有序
　B　设专人管理，制定管理制度
　C　监控并记录环境条件
　D　建立试剂台账，账卡物相符
　E　定期进行安全检查，必要时开展安全应急演练

化学检验员（供水）（五级 初级工）

操作技能试题

[试题1] 水样过滤操作

考场准备：

序号	名称	规格	单位	数量	备注
1	原水		mL	100	
2	烧杯	100mL	个	1	
3	烧杯	250mL	个	1	
4	三角漏斗		只	1	
5	铁架台		只	1	
6	升降台		只	1	
7	玻璃棒		支	1	
8	洗瓶	500mL	只	1	内置纯水
9	滤纸		盒	1	
10	记号笔		支	1	
11	计时器		个	1	不带通信功能

考生准备：
黑色或蓝色的签字笔、工作服。
考核内容：
(1) 本题分值：100分
(2) 考核时间：10min
(3) 考核形式：实操
(4) 具体考核要求：
① 操作前准备到位。
② 过滤操作规范。
③ 记录填写规范。
④ 现场清理。
⑤ 操作时间合理。
(5) 评分

配分与评分标准：

序号	考核内容	考核要点	配分	评分标准（分）	扣分	得分
1	操作前准备	1. 穿工作服； 2. 玻璃仪器清点检查	5	1. 未穿工作服，扣3分； 2. 未对玻璃器皿清点检查，扣2分		
2	过滤过程	1. 制作过滤器	30	1. 未两次对折折叠滤纸，扣10分； 2. 未用纯水润湿滤纸，扣5分； 3. 滤纸未紧贴漏斗边缘，中间留有气泡，扣5分； 4. 滤纸高于漏斗边缘，扣10分		
2	过滤过程	2. 过滤	40	1. 漏斗末端较长处未靠在烧杯内壁，扣5分； 2. 玻璃棒未斜靠在三层滤纸处，扣5分； 3. 盛装原水的烧杯杯口未紧靠玻璃棒，扣5分； 4. 过滤时玻璃棒戳破滤纸，扣10分； 5. 过滤时滤液高于滤纸边缘，扣5分； 6. 过滤时造成液滴飞溅，扣10分		
3	时间控制	规定时间内完成	20	1. 每超时1min，扣10分； 2. 超过规定时间2min后，停止操作		
4	现场清理	记录提交前玻璃仪器、试剂及台面清理	5	1. 记录提交时，未清理台面残留试剂，扣2分； 2. 记录提交时，未清理台面玻璃仪器，扣3分		
	合计		100	得分		

否定项：1. 操作失误造成试验器具损坏或人员受伤，导致试验无法进行。
2. 操作失误造成样品无法完成过滤；
3. 无故不遵守考场纪律，并经劝阻无效者；
出现以上任一情况者，取消考核资格

评分人：　　　年　月　日　　　核分人：　　　年　月　日

[试题2] 水中总硬度的测定

考场准备：

序号	名称	规格	单位	数量	备注
1	总硬度考核样		支	1	
2	EDTA标准溶液	0.0200mol/L	瓶	1	

续表

序号	名称	规格	单位	数量	备注
3	NH$_3$-NH$_4$Cl 缓冲溶液	pH=10	瓶	1	
4	铬黑 T 指示剂		瓶	1	
5	洗瓶	500mL	个	1	内置纯水
6	移液管	50mL	支	2	
7	移液管		支	1	稀释考核样用,规格根据稀释方法确定
8	容量瓶		个	1	
9	刻度吸管	5mL	支	1	
10	滴定管		支	1	滴定考核样用,规格根据样品浓度确定
11	滴定架		个	1	
12	锥形瓶	250mL	只	4	
13	烧杯	50mL	个	1	
14	废液杯	500mL	个	1	废液收集,不可冲入下水道
15	滴管		支	2	
16	洗耳球		只	1	
17	安瓿瓶开瓶器		个	1	
18	擦拭纸		盒	1	
19	标签		张	若干	
20	记号笔		支	1	
21	检测记录		份	1	
22	草稿纸	A4	张	1	
23	计时器		个	1	不带通信功能

考生准备:

黑色或蓝色的签字笔、计算器、工作服。

考核内容:

(1) 本题分值:100 分

(2) 考核时间:45min

(3) 考核形式:实操

(4) 具体考核要求:

① 操作前准备到位。

② 移液管使用规范。

③ 容量瓶使用规范。

④ 滴定操作规范。

⑤ 记录填写规范。

⑥ 现场清理。

⑦ 操作时间合理。

⑧ 检测结果准确。

（5）评分

配分与评分标准：

序号	考核内容	考核要点	配分	评分标准（分）	扣分	得分
1	操作前准备	1. 穿工作服； 2. 玻璃仪器清点检查	5	1. 未穿工作服，扣3分； 2. 未对玻璃器皿清点检查，扣2分		
2	考核样稀释	1. 考核样开启	1	开启安瓿瓶动作不规范，造成液体洒漏，扣1分		
		2. 移液管润洗	4	1. 润洗次数少于3次，扣1分； 2. 润洗过程有液体泼洒，扣1分； 3. 未润洗到整根移液管，扣1分； 4. 润洗液未从移液管下管口放出，扣1分		
		3. 容量瓶定容	6	1. 操作前未检查容量瓶是否漏液，扣1分； 2. 检漏后未加入约1/3纯水，扣1分； 3. 加入纯水定容时，未冲洗容量瓶口的加液处，扣1分； 4. 定容不准确，视线未与液面弯月面最低处和标线水平相切，扣1分； 5. 定容至刻度后，未及时上下颠倒摇匀样品，扣1分； 6. 混匀后容量瓶静置时间不足10min，扣1分		
3	滴定过程	1. 移液管取样	6	1. 移液管插入液面深度不合适，触碰瓶底或吸空，扣1分； 2. 读数时未保持移液管管身直立，末端未靠在盛装溶液容器的内壁上，扣1分； 3. 读数时未保持视线与移液管液面最低处和标线水平相切，扣1分； 4. 移液时液体有洒漏，扣1分； 5. 放液时移液管管尖未深入锥形瓶口，并垂直紧贴内壁，扣1分； 6. 溶液自然流完后，管尖停靠器壁未满15s，扣1分		
		2. 滴定管检漏和润洗	4	1. 滴定管未检漏，扣2分； 2. 润洗次数少于3次，扣1分； 3. 未润洗滴定管尖嘴部分，扣1分		

续表

序号	考核内容	考核要点	配分	评分标准（分）	扣分	得分
3	滴定过程	3. 滴定管的使用	9	1. 滴定管加入滴定剂时，应加过"0"刻度后，再排液至"0"刻度，否则扣1分； 2. 滴定前尖嘴处如有气泡，扣1分； 3. 转动旋塞时，手指弯曲，手掌要空，如手法错误，扣1分； 4. 滴定时液体流速由快到慢，起初可以"连滴成线"，之后逐滴滴下，流速过快或过缓，扣1分； 5. 滴定接近终点时，要半滴半滴的加入，否则扣1分； 6. 首、末次读数时，将滴定管从架台上取下，右手握上部无液处，保持滴定管垂直，否则扣2分； 7. 读数时双眼未能平视液体凹液面处，扣2分		
		4. 锥形瓶的使用	10	1. 指示剂加入量超过5滴或不足5滴，扣2分； 2. 滴定时，手握锥形瓶颈部画圈般作圆周摇晃，手腕用力均匀，锥形瓶手握位置不对、摇晃方式不对，扣2分； 3. 摇晃锥形瓶时造成液体溅出，扣2分； 4. 以白色背景作为底色，观察锥形瓶中液体颜色变化，溶液颜色由紫红色转变为蓝色为滴定终点，颜色不为蓝色或蓝色过深，扣4分		
4	检测记录填写	1. 记录信息填写； 2. 有效数字处理； 3. 更改处理； 4. 空白标识	10	1. 未正确填写相关信息，有一项扣1分，扣完2分为止； 2. 有效数字处理不规范，有一项扣1分，扣完2分为止； 3. 更改处未正确更改，有一项扣1分，扣完2分为止； 4. 记录中不需要填写的栏目，未划杠，有一项扣1分，扣完2分为止； 5. 记录结束处未见以下空白的标识，有一项扣1分，扣完2分为止		

续表

序号	考核内容	考核要点	配分	评分标准（分）	扣分	得分
5	质量控制	1. 设置平行样； 2. 相对偏差合理	10	1. 未设置平行样，扣5分； 2. 平行样相对偏差不满足生活饮用水标准检验方法的质量控制要求，扣5分		
6	检测结果	结果在不确定度范围内	20	报出结果超出了标准值的不确定度范围，扣20分		
7	时间控制	规定时间内完成	10	1. 每超时1分钟，扣2分； 2. 超过规定时间5分钟后，停止操作		
8	现场清理	记录提交前玻璃仪器、试剂及台面清理	5	1. 记录提交时，未清理台面残留试剂，扣2分； 2. 记录提交时，未清理台面玻璃仪器，扣3分		
	合计		100	得分		

否定项：1. 操作失误造成试验器具损坏或人员受伤，导致试验无法进行；
2. 操作失误造成样品无法检测；
3. 故意篡改数据；
4. 无故不遵守考场纪律，并经劝阻无效者；
出现以上任一情况者，取消考核资格。

评分人：　　　　年　月　日　　　　核分人：　　　　年　月　日

化学检验员（供水）（四级 中级工）

操作技能试题

[试题1] 使用天平（减量法）准确称量硫代硫酸钠基准物质

考场准备：

序号	名称	规格	单位	数量	备注
1	称量瓶		个	1	存有硫代硫酸钠基准物质
2	电子天平		台	1	万分之一
3	烧杯	50mL	个	1	
4	烧杯	500mL	个	1	
5	纸带		条	若干	约1cm宽、10cm长
6	记号笔		支	1	
7	检测记录		份	若干	
8	草稿纸	A4	张	若干	
9	计时器		个	1	不带通信功能

考生准备：
黑色或蓝色的签字笔、工作服。
考核内容：
(1) 本题分值：100分
(2) 考核时间：15min
(3) 考核形式：实操
(4) 具体考核要求：
① 称量约0.125g。
② 操作前准备到位。
③ 天平使用规范。
④ 检测记录填写规范。
⑤ 称重结果准确。
⑥ 操作时间合理。
⑦ 清理现场。
(5) 评分

配分与评分标准：

序号	考核内容	考核要点	配分	评分标准（分）	扣分	得分
1	操作前准备	1. 穿工作服； 2. 玻璃仪器清点检查	5	1. 未穿工作服，扣3分； 2. 未对玻璃器皿清点检查，扣2分		
2	称量过程	1. 天平校零	5	1. 未观察天平水平位置并进行调整，扣1分； 2. 未按"调零"键，将天平置零，扣4分		
		2. 取样	5	1. 未使用纸带套在称量瓶身上拿取称量瓶，扣3分； 2. 称量瓶未放置天平盘正中位置，扣2分		
		3. 去皮	5	1. 称量瓶放入天平后未关闭天平门，扣1分； 2. 未等待示数稳定，扣1分； 3. 未按去皮键归零示数，扣3分		
		4. 称量	40	1. 未手持纸带尾部，将称量瓶移至接收容器上方，扣3分； 2. 未使用纸带开启瓶盖，扣3分； 3. 称量瓶瓶盖离开接收容器上方，扣3分； 4. 未使用瓶盖轻轻敲击瓶口上沿使试样落入容器，扣3分； 5. 未用瓶盖敲击瓶口，使瓶口附近试样落回瓶内，扣3分； 6. 倾倒结束后未盖好瓶盖，扣3分； 7. 未将称量瓶放置在天平盘正中位置，扣3分； 8. 未取出纸带，扣3分； 9. 未关好天平门进行称量记录，扣3分； 10. 未待天平读数稳定后，即记录数据，扣3分； 11. 盛有试样的称量瓶放置在除表面皿、秤盘或用纸带拿在手中以外的其他地方，扣5分； 12. 称量过程反复超过5次，扣5分		
3	检测记录填写	1. 基础信息填写； 2. 有效数字处理； 3. 更改处理； 4. 空白标识	10	1. 未正确填写相关信息，有一项扣1分，扣完2分为止； 2. 有效数字处理不规范，有一项扣1分，扣完2分为止； 3. 更改处未正确更改，有一项扣1分，扣完2分为止； 4. 记录中不需要填写的栏目，未划杠，有一项扣1分，扣完2分为止； 5. 记录结束处未见以下空白的标识，有一项扣1分，扣完2分为止		

续表

序号	考核内容	考核要点	配分	评分标准（分）	扣分	得分
4	检测结果	样品称量结果	20	1. 0.1240＜称量值 X＜0.1260，称量值 X 不在此范围，扣20分		
5	时间控制	规定时间内完成	5	1. 每超时1min，扣1分； 2. 超过规定时间5min后，停止操作		
6	现场清理	记录提交前玻璃仪器、试剂及台面清理	5	1. 记录提交时，未清理台面残留试剂，扣2分； 2. 记录提交时，未清理台面玻璃仪器，扣3分		
		合计	100	得分		

否定项：1. 操作失误造成试验器具损坏或人员受伤，导致试验无法进行；
2. 操作失误造成样品无法完成称量；
3. 故意篡改数据；
4. 无故不遵守考场纪律，并经劝阻无效者；
出现以上任一情况者，取消考核资格。

评分人：　　年　月　日　　　核分人：　　年　月　日

[试题2] 纳氏试剂法测定水中氨氮

考场准备：

序号	名称	规格	单位	数量	备注
1	氨氮考核样		支	1	
2	氨氮标准溶液	10mg/L	瓶	100mL	
3	酒石酸钾钠溶液	500g/L	瓶	100mL	
4	纳氏试剂		瓶	1	
5	分光光度计		台	1	配1cm比色皿若干
6	容量瓶		个	1	用于稀释考核样用，规格根据稀释方法确定
7	移液管		支	1	
8	移液管	50mL	支	1	
9	刻度吸管	10mL	支	3	
10	刻度吸管	5mL	支	2	
11	具塞比色管	50mL	支	12	
12	比色管架		个		
13	洗瓶	500mL	个	1	内置纯水
14	废液杯		个	1	废液收集，不可冲入下水道
15	滴管		支	2	
16	洗耳球		只	1	

续表

序号	名称	规格	单位	数量	备注
17	安瓿瓶开瓶器		个	1	
18	擦拭纸		盒	1	
19	标签		张	若干	
20	记号笔		支	1	
21	检测记录		份	1	
22	草稿纸	A4	张	1	
23	计时器		个	1	不带通信功能

考生准备：

黑色或蓝色的签字笔、计算器（带有计算标准曲线回归方程的模式）、工作服。

考核内容：

(1) 本题分值：100分

(2) 考核时间：45min

(3) 考核形式：实操

(4) 具体考核要求：

① 水杨酸盐法测定水中氨氮。

② 操作前准备到位。

③ 检测过程规范。

④ 质量控制规范。

⑤ 检测记录填写规范。

⑥ 检测结果准确。

⑦ 清理现场。

⑧ 操作时间合理。

(5) 评分

配分与评分标准：

序号	考核内容	考核要点	配分	评分标准（分）	扣分	得分
1	操作前准备	1. 穿工作服； 2. 玻璃仪器、试剂清点检查	3	1. 未穿工作服，扣1分； 2. 未对玻璃器皿、试剂清点检查，扣2分		
2	检测过程	1. 考核样稀释	10	1. 开启安瓿瓶动作不规范，造成液体洒漏，扣1分； 2. 移液前未使用原液润洗或润洗次数少于3次，扣1分； 3. 润洗过程有液体泼洒；未润洗到整根移液管，润洗液未从移液管底部倒出，有一项扣1分，扣完2分为止； 4. 操作前未检查容量瓶是否漏液，扣1分；		

续表

序号	考核内容	考核要点	配分	评分标准（分）	扣分	得分
2	检测过程	1. 考核样稀释	10	5. 检漏后未加入约 1/3 纯水，扣 1 分； 6. 加入纯水定容时，未冲洗容量瓶口的加液处，扣 1 分； 7. 定容不准确视线未与液面弯月面最低处和标线水平相切，扣 1 分； 8. 定容至刻度后，未及时上下颠倒摇匀样品，扣 1 分； 9. 混匀后容量瓶静置不足 10min，扣 1 分		
		2. 标准系列及检测样品配制	12	1. 50mL 具塞比色管中未先加适量超纯水，扣 1 分； 2. 未使用氨氮标准溶液润洗刻度吸管，扣 1 分； 3. 未使用 50mL 移液管转移考核样，扣 1 分； 4. 未使用考核样润洗移液管，扣 1 分； 5. 吸取、转移、放出考核样和氨氮标准溶液时，发现移液管触碰瓶底或吸空；移液管管身未垂直；液体有滴漏；视线未与液面弯月面最低处和标线水平相切；移液管尖未深入比色管管口等，扣 1 分，扣完 4 分为止； 6. 考核样自然流完，管尖靠壁时间未满 15s，扣 1 分； 7. 使用刻度吸管加入酒石酸钾钠溶液或纳氏试剂前未润洗，扣 1 分； 8. 加入酒石酸钾钠溶液或纳氏试剂后未混匀，扣 1 分； 9. 加入纳氏试剂后反应时间不足 10min，扣 1 分		
		3. 仪器使用及测定	10	1. 开机预热不足 10min，扣 2 分； 2. 波长设定错误，扣 2 分； 3. 未进行比色皿成套性检查，2 分； 4. 数据未及时记录在原始记录纸上，发现一次扣 1 分，扣完 2 分为止； 5. 测定结束后未关机，扣 2 分		

续表

序号	考核内容	考核要点	配分	评分标准（分）	扣分	得分
3	检测记录填写	1. 基础信息填写； 2. 有效数字处理； 3. 更改处理； 4. 空白标识	10	1. 未正确填写相关信息，有一项扣1分，扣完2分为止； 2. 有效数字处理不规范，有一项扣1分，扣完2分为止； 3. 更改处未正确更改，有一项扣1分，扣完2分为止； 4. 记录中不需要填写的栏目，未划杠，有一项扣1分，扣完2分为止； 5. 记录结束处未见以下空白的标识，有一项扣1分，扣完2分为止		
4	质量控制	1. 标准曲线不少于6个点（含空白）； 2. 相关系数（r）满足要求； 3. 平行样设置及相对偏差合理	10	1. 标准曲线少于6个点，扣2分； 2. $0.999 > r > 0.995$，扣3分；$0.999 > r$，扣5分。 3. 未设置平行样，扣1分；平行样相对偏差不满足生活饮用水标准检验方法的质量控制要求，扣2分		
5	检测结果	结果在不确定度范围内	30	报出结果超出了标准值的不确定度范围，扣30分		
6	检测时间	规定时间内完成	10	1. 每超时1min，扣2分； 2. 超过规定时间5min后，停止操作		
7	清理现场	1. 记录提交前玻璃仪器、试剂及台面清理； 2. 废弃物收集处置	5	1. 记录提交时，未清理台面残留试剂，扣2分； 2. 记录提交时，未清理台面玻璃仪器，扣2分； 3. 记录提交时，未收集处置废弃物，扣1分		
	合计		100	得分		

否定项： 1. 操作失误造成仪器器具损坏或人员受伤，导致试验无法进行；
2. 操作失误造成样品无法检测；
3. 故意篡改数据；
4. 无故不遵守考场纪律，并经劝阻无效者；
出现以上任一情况者，取消考核资格。

评分人：　　　年　月　日　　　　　核分人：　　　年　月　日

[试题 3] 对总大肠菌群革兰氏染色及镜检

考场准备：

序号	名称	规格	单位	数量	备注
1	伊红美蓝琼脂平板（阳性）		块	1	含有特征菌落
2	革兰氏染色试剂盒		套	1	
3	显微镜		台	1	
4	载玻片		片	1	
5	蒸汽高压灭菌器		台	1	
6	灭菌袋		个	1	
7	无菌生理盐水	100mL	瓶	1	
8	乙醚乙醇混合液	200mL	瓶	1	体积比 1∶1
9	酒精灯		个	1	含 95% 酒精
10	打火机		个	1	
11	接种环		个	1	
12	洗瓶	500mL	个	1	内置纯水
13	废液杯		个	1	
14	擦拭纸		盒	1	
15	擦镜纸		盒	1	
16	计时器		个	1	无通信功能

考生准备：
黑色或蓝色的签字笔、工作服。
考核内容：
(1) 本题分值：100 分
(2) 考核时间：30min
(3) 考核形式：实操
(4) 具体考核要求：
① 对总大肠菌群革兰氏染色及镜检。
② 操作前准备到位。
③ 挑选特征菌落。
④ 染色操作过程规范。
⑤ 显微镜镜检操作规范。
⑥ 检验结果有效。
⑦ 清理现场。
⑧ 检验时间控制。
(5) 评分
配分与评分标准：

序号	考核内容	考核要点	配分	评分标准（分）	扣分	得分
1	操作前准备	1. 穿工作服； 2. 操作器具、试剂清点检查	5	1. 未穿工作服，扣3分； 2. 未对操作器具、试剂清点检查，扣2分		
2	挑选特征菌落	1. 辨别特征菌落	5	菌落应至少符合以下三种特征之一：①深紫黑色、具有金属光泽；②紫黑色、不带或略带金属光泽；③淡紫红色、中心较深特征，否则扣5分		
3	染色操作过程	1. 涂片	5	1. 接种环未灼烧灭菌，扣2分； 2. 挑取过程中破坏培养基表面，扣3分		
		2. 固定	8	1. 手持载玻片菌膜向下，扣2分； 2. 在酒精灯上方缓慢通过，扣2分； 3. 触碰涂片背面，如温度烫手，扣2分； 4. 未冷却开始染色，扣2分		
		3. 染色	15	1. 初染时滴加草酸铵结晶紫未覆盖菌膜，扣1分；染色时间不足1min，扣1分；洗瓶冲洗过快，扣1分；未吸去多余水滴，扣1分； 2. 媒染时滴加碘液未覆盖菌膜，扣1分；染色时间不足1min，扣1分；洗瓶冲洗过快，扣1分；未吸去多余水滴，扣1分； 3. 脱色时滴加95%酒精未覆盖菌膜，扣1分；染色不足30s，扣1分；洗瓶冲洗过快，扣1分；未吸去多余水滴，扣1分； 4. 复染时滴加碱性复红或沙黄染液未覆盖菌膜，扣1分；染色时间不足1min，扣1分；洗瓶冲洗过快，扣1分；未吸去多余水滴，扣1分		
4	显微镜镜检操作	1. 低倍镜寻找目标； 2. 高倍镜确定镜检区域； 3. 使用油镜观察	32	1. 未将载玻片固定在载物台上，扣2分；未选择低倍镜，扣2分；未先使用粗准焦螺旋，再使用细准焦螺旋调整焦距，扣2分；未观察确定染色区域，扣2分； 2. 未更换至高倍镜，扣2分；未先使用粗准焦螺旋优化焦距，扣2分；未确定镜检区域，扣2分； 3. 未先使用粗准焦螺旋调整物镜和载玻片之间的距离，扣2分；滴加超过2滴镜油，扣2分；未使油镜浸没在镜油中，扣2分；未使用细准焦螺旋调焦，直至观察到清晰图像，扣2分；		

续表

序号	考核内容	考核要点	配分	评分标准（分）	扣分	得分
4	显微镜镜检操作	1. 低倍镜寻找目标； 2. 高倍镜确定镜检区域； 3. 使用油镜观察	32	4. 观察结束后，未调整物镜和载玻片之间的距离，扣2分；未转动物镜转换器，将油镜偏位，扣2分；未使用擦镜纸擦去油镜上的镜油并用乙醚乙醇混合液清理镜头，扣2分； 5. 显微镜未关机，扣2分；未将物镜和载物台距离调至最大，物镜调至最小倍镜，扣2分		
5	检验结果	革兰氏染色结果	20	镜检结果绝大多数为蓝紫色（革兰氏阳性菌），扣20分		
6	检验时间	规定时间内完成	5	1. 每超时1min，扣1分； 2. 超过规定时间5min后，停止操作		
7	清理现场	1. 记录提交前玻璃仪器、试剂及台面清理； 2. 废弃物收集处置	5	1. 记录提交时，台面残留试剂，扣1分； 2. 记录提交时，台面存在玻璃仪器及试剂，扣1分； 3. 记录提交时，未收集处置废弃物，扣1分； 4. 记录提交时，未对阳性菌载玻片和阳性菌伊红美蓝平板灭菌，扣2分		
	合计		100	得分		

否定项：1. 操作失误造成仪器器具损坏或人员受伤，导致试验无法进行；
2. 操作失误造成样品无法检测；
3. 无故不遵守考场纪律，并经劝阻无效者；
出现以上任一情况者，取消考核资格。

评分人：　　　年　月　日　　　　核分人：　　　年　月　日

化学检验员(供水)(三级 高级工)

操作技能试题

[试题1] 加矾量试验

考场准备:

序号	名称	规格	单位	数量	备注
1	聚合氯化铝溶液	合格品	mg/mL	100	稀释至母液浓度2.0mg/mL。混凝剂类别和浓度可根据实际条件更换
2	待测原水		L	15	
3	六联搅拌机		台	1	
4	试验专用烧杯		个	6	匹配六联搅拌机
5	散射光浊度仪		台	1	
6	刻度吸管	1mL	支	2	
7	刻度吸管	2mL	支	2	
8	刻度吸管	5mL	支	2	
9	刻度吸管	10mL	支	2	
10	取样桶	10L	个	1	
11	量筒	1L	个	1	
12	洗瓶	500mL	只	1	内置纯水
13	擦拭纸		盒	1	
14	废液杯		个	1	废液收集,不可冲入下水道
15	标签		张	若干	
16	记号笔		支	1	
17	检测记录		份	1	
18	草稿纸		张	1	
19	计时器		个	1	不带通信功能

考生准备:
黑色或蓝色的签字笔、计算器、工作服。
考核内容:
(1) 本题分值:100分
(2) 考核时间:90min
(3) 考核形式:实操

(4) 具体考核要求：

① 在指定地点考试。

② 在规定时间内完成实验操作。

③ 用黑色或蓝色的钢笔或签字笔记录。

④ 记录表干净整洁，字迹工整。

⑤ 根据标准试验方法，进行搅拌试验。

⑥ 搅拌试验程序条件，共4个过程：

a. 设定转速为800转/min，搅拌30s；

b. 设定转速为250转/min，搅拌90s；

c. 设定转数为100转/min，搅拌4min；

d. 定转数为60转/min，搅拌6min。

⑦ 搅拌结束，静置3min后，取样测定。根据混凝剂投加量和对应的浑浊度关系，绘制曲线，依据生产工艺要求（浊度3NTU为宜），确定合适的投加量。

注：搅拌机参数根据原水情况和生产实际，由考场统一明确。

(5) 评分

配分与评分标准：

序号	考核内容	考核要点	配分	评分标准（分）	扣分	得分
1	操作前准备	1. 穿工作服； 2. 玻璃仪器、试剂清点检查	5	1. 未穿工作服，扣3分； 2. 未对玻璃器皿、试剂清点检查，扣2分		
2	搅拌试验前准备	1. 取10L水样，摇匀； 2. 测定浑浊度并记录	10	1. 取样体积不够10L，扣2分； 2. 取样前，原水未充分摇匀，扣2分； 3. 浑浊度仪使用过程中，测定前样品未混匀；未用擦拭纸擦净样品瓶上的水迹及指印，有一项扣2分，扣完4分为止 4. 未将数据及时记录在检测记录上，扣2分		
		向6个配套用烧杯中，各加入1L水样	10	1. 每取一个水样前均要摇匀大桶一次，否则扣4分； 2. 搅拌桨片放置位置正确，搅拌桨片的轴偏离烧杯中心，否则扣3分； 3. 使用量筒取1L水样，取量体积不正确或观察时视线未与量筒内液体的弯月面最低处和标线水平相切，有一项扣2分，扣完3分为止		
		1. 加入混凝剂（聚合氯化铝）； 2. 用超纯水补齐至体积相等	10	1. 加入稀释液的体积不成等差数列，扣2分； 2. 加入稀释液体积不准确，扣2分； 3. 未加入纯水将试管内加药体积补齐至统一，扣2分； 4. 吸取混凝剂的刻度吸管未润洗，扣2分； 5. 刻度吸管内多余的混凝剂不能放回试剂瓶中，或用洗耳球吹入废液杯内，否则扣2分		

续表

序号	考核内容	考核要点	配分	评分标准（分）	扣分	得分
3	试验过程	1. 开机预热； 2. 设定搅拌机转速和时间； 3. 加入混凝剂，观察矾花生成的情况并记录	15	1. 未开机预热5~10min，扣2分； 2. 转速和时间设定错误，扣4分； 3. 启动搅拌机待转速稳定后，加入混凝剂，加入时间过早或过晚，扣2分； 4. 未及时记录初始絮片产生的时间，扣3分； 5. 未及时记录搅拌过程中产生絮片的大小等一般性描述情况，扣4分		
		1. 停止搅拌后提起搅拌桨； 2. 沉降3min后取水样测定浊度	10	1. 未提起搅拌桨，扣1分； 2. 未及时记录大部分絮体沉降所需时间，扣2分； 3. 沉降时间不足3min，扣2分； 4. 未及时记录烧杯底部絮片外观，扣2分； 5. 未在液面下2cm虹吸取样或在放水孔取样，扣2分； 6. 测定浑浊度时，未使用擦拭纸擦净样品瓶上的水迹及指印，扣1分		
4	检测记录填写	1. 基础信息填写； 2. 有效数字处理； 3. 更改处理； 4. 空白标识	10	1. 未正确填写方法依据、设备名称（型号）、温湿度、混凝剂名称等相关信息，有一项扣1分，扣完2分为止； 2. 有效数字处理不规范，有一项扣1分，扣完2分为止； 3. 更改处未正确更改，有一项扣1分，扣完2分为止； 4. 记录中不需要填写的栏目，未划杠，有一项扣1分，扣完2分为止； 5. 记录结束处未见以下空白的标识，有一项扣1分，扣完2分为止		
5	检测结果	搅拌试验结果	15	1. 不会通过试验测得的浑浊度以及混凝剂投加量绘制标准曲线，扣10分； 2. 不会根据沉淀池出水浑浊度指标要求，确定加矾量，扣5分		
6	检测时间	规定时间内完成	10	1. 每超时1min，扣1分； 2. 超过规定时间10min后，停止操作		
7	清理现场	1. 记录提交前玻璃仪器、试剂及台面清理； 2. 废弃物收集处置	5	1. 记录提交时，台面残留试剂，扣1分； 2. 记录提交时，台面存在玻璃仪器及试剂，扣2分； 3. 记录提交时，未收集处置废弃物，扣2分		
		合计	100	得分		

否定项：1. 操作失误造成仪器器具损坏或人员受伤，导致试验无法进行；
　　　　2. 操作失误造成样品无法检测；
　　　　3. 故意篡改数据；
　　　　4. 无故不遵守考场纪律，并经劝阻无效者；
　　　　出现以上任一情况者，取消考核资格。

评分人：　　　年　月　日　　　　核分人：　　　年　月

[试题2] 火焰原子吸收分光光度法测定铜元素含量

考场准备：

序号	名称	规格	单位	数量	备注
1	火焰原子吸收分光光度计		台	1	连接计算机（含工作站）、打印机（可打印原始数据）
2	铜元素考核样	20mL	支	1	含稀释范围
3	铜元素标准使用液	10mg/L	瓶	50mL	
4	1%硝酸稀释液	2L	瓶	1	
5	安瓿瓶开瓶器		个	1	
6	容量瓶	100mL	个	6	
7	容量瓶	250mL	个	1	用于稀释考核样用，规格根据稀释方法确定
8	移液管	5mL	支	1	
9	刻度吸管	10mL	支	2	
10	洗耳球		只	1	
11	擦拭纸		盒	1	
12	洗瓶	500mL	只	1	
13	滴管		支	1	
14	小烧杯	100mL	个	1	
15	废液杯		个	1	废液收集，不可冲入下水道
16	标签		张	若干	
17	记号笔		支	1	
18	检测记录		份	1	
19	草稿纸		张	1	
20	计时器		个	1	不带通信功能

考生准备：
黑色或蓝色的签字笔、工作服
考核内容：
（1）本题分值：100分
（2）考核时间：90min
（3）考核形式：实操
（4）具体考核要求：
①正确使用各类水质检验常用玻璃仪器及器皿。
②正确完成考核样及标准系列的配制过程。
③正确使用火焰分光光度计进行测样。
④按照检测原始数据正确填写纸质记录。
⑤考核样检测结果准确，操作时间合理。

(5) 评分

配分与评分标准：

序号	考核内容	考核要点	配分	评分标准（分）	扣分	得分
1	操作前准备	1. 穿工作服； 2. 玻璃仪器、试剂清点检查	2	1. 未穿工作服，扣1分； 2. 未对玻璃器皿、试剂清点检查，扣1分		
2	检测过程	1. 考核样稀释	15	1. 操作前未检查容量瓶是否漏液，扣1分；检漏后未加入约1/3稀释液，扣1分； 2. 开启安瓿瓶动作不规范，造成液体洒漏，扣1分； 3. 样品稀释倍数不符合要求，扣2分； 4. 移液前未使用原液润洗或润洗次数少于3次；润洗过程有液体泼洒；未润洗到整根移液管；润洗液未从移液管下管口倒出，有一项扣1分，扣完4分为止； 5. 吸取考核样时移液管管尖触碰瓶底或吸空，扣1分； 6. 移液管放液时在容量瓶瓶口停留时间少于15s，扣1分； 7. 加入稀释液定容时，未冲洗容量瓶口的加液处；定容不准确，视线未与液面弯月面最低处和标线水平相切；定容后，未及时上下颠倒摇匀样品，有一项扣1分，扣完3分为止； 8. 混匀后容量瓶静置时间不足10min，扣1分		
		2. 标准系列配制	10	1. 配制标准系列的容量瓶未检漏，扣1分；检漏后容量瓶未先放入约1/3稀释液，扣1分； 2. 吸取铜标准使用液的刻度吸管润洗次数未达3次，扣1分； 3. 吸取铜标准使用液时，刻度吸管内的多余的液体既不能放回瓶中也不能用洗耳球吹入废液杯，否则扣2分； 4. 刻度吸管放液时容量瓶瓶口停留时间少于15s，扣1分； 5. 加入稀释液定容时，未冲洗容量瓶口的加液处；定容刻度不准确（液面弯月面和标线水平相切）；定容后，未及时上下颠倒摇匀样品，有一项扣1分，扣完3分为止； 6. 混匀后容量瓶静置时间不足10min，扣1分		
		3. 仪器使用	20	1. 未按正确顺序先开机，然后打开空气压缩机，最后开气点火，扣3分； 2. 开机后未选择空心阴极灯点亮预热，扣2分；预热时间少于10min，扣2分； 3. 工作站编辑方法时，应正确输入分析线、光谱通带、灯电流、燃烧比、燃气流量、标准溶液浓度等信息，有一项错漏扣2分，扣完8分为止； 4. 检测完成后未使用1%硝酸稀释液清洗管路，扣2分； 5. 关机时应先关气，待仪器熄火后再关机，顺序不正确，扣3分		

续表

序号	考核内容	考核要点	配分	评分标准（分）	扣分	得分
3	检测记录填写	1. 基础信息填写； 2. 有效数字处理； 3. 更改处理； 4. 空白标识	10	1. 未正确填写相关信息，有一项扣1分，扣完2分为止； 2. 有效数字处理不规范，有一项扣1分，扣完2分为止； 3. 更改处未正确更改，有一项扣1分，扣完2分为止； 4. 记录中不需要填写的栏目，未划杠，有一项扣1分，扣完2分为止； 5. 记录结束处未见以下空白的标识，有一项扣1分，扣完2分为止		
4	质量控制	1. 标准曲线不少于6个点（含空白）； 2. 相关系数（r）满足要求； 3. 平行样设置及相对偏差合理	10	1. 标准曲线少于6个点，扣2分； 2. $0.999>r>0.995$ 扣3分，$0.999>r$ 扣5分； 3. 未设置平行样，扣1分；平行样相对偏差不满足生活饮用水标准检验方法的质量控制要求，扣2分		
5	检测结果	考核样检测结果在不确定度范围内	20	报出结果超出了标准值的不确定度范围，扣20分		
6	检测时间	规定时间内完成	10	1. 每超时1min，扣1分； 2. 超过规定时间10min后，停止操作		
7	清理现场	1. 记录提交前玻璃仪器、试剂及台面清理； 2. 废弃物收集处置	3	1. 记录提交时，台面残留试剂，扣1分； 2. 记录提交时，台面存在玻璃仪器及试剂，扣1分； 3. 记录提交时，未收集处置废弃物，扣1分		
	合计		100	得分		

否定项：1. 操作失误造成仪器器具损坏或人员受伤，导致试验无法进行；
2. 操作失误造成样品无法检测；
3. 故意篡改数据；
4. 无故不遵守考场纪律，并经劝阻无效者；
出现以上任一情况者，取消考核资格。

评分人：　　　年　月　日　　　　核分人：　　　年　月　日

[试题3] 毛细管柱气相色谱法测定水中四氯化碳原始记录编制

考场准备：

序号	名称	规格	单位	数量	备注
1	毛细管柱气相色谱法测定水中四氯化碳的标准检验方法		份	1	标准文本
2	答题纸	A4	份	1	
3	草稿纸	A4	张	1	
4	计时器		只	1	不带通信功能

考生准备：

黑色或蓝色的签字笔、直尺。

考核内容：

(1) 本题分值：100分

(2) 考核时间：20min

(3) 考核形式：实操

(4) 具体考核要求：

① 在指定地点考试作答。

② 在规定时间内完成答卷。

③ 用黑色或蓝色的钢笔或签字笔答题。

④ 试卷卷面干净整洁，字迹工整。

⑤ 根据检测方法标准依据，编制原始记录，要素齐全，布局合理，计量单位准确。

(5) 评分

配分与评分标准：

序号	考核内容	考核要点	配分	评分标准（分）	扣分	得分
1	记录内容	1. 通用信息齐全、准确	15	原始记录名称、收样日期、检测日期、检测方法、检测依据、温湿度、检测人、审核人、审核日期等项目齐全，有缺项、错项的，有一项扣2分，扣完15分为止		
		2. 样品前处理信息齐全、准确	15	样品体积、顶空进样器型号、设备编号、加热平衡温度、加热平衡时间项目齐全，有缺项、错项的，有一项扣2分，扣完15分为止		
		3. 仪器相关信息齐全、准确	20	设备名称、设备型号、设备编号、载气类型、载气流量、色谱柱型号和规格、进样量、进样口温度、分流比、色谱柱温度、检测器类型、检测器温度、尾吹气流量等仪器相关信息项目齐全，有缺项、错项的，有一项扣2分，扣完20分为止		
		4. 数据信息齐全、准确	20	1. 标准曲线信息是否齐全，标准物质编号、标准曲线及相关系数齐全，有重复、缺项、错项的，有一项扣2分，扣完10分为止；2. 检测结果栏信息是否齐全，是否包含有保留时间、峰高或峰面积、测定结果，有缺项、错项的，有一项扣2分，扣完6分为止；3. 计量单位规范准确，有缺项、错项的，有一项扣2分，扣完4分为止		
2	检测记录设计	栏目布局合理、卷面规范	10	整体不美观、布局不合理、更改不规范、有一项扣2分，扣完10分为止		
3	答卷时间	规定时间内完成	20	1. 每超时1min，扣4分；2. 超过规定时间5min后，停止操作		
		合计	100	得分		

定项：1. 考生发生作弊行为，立即终止考试；

2. 无故不遵守考场纪律，并经劝阻无效者；

出现以上任一情况者，取消考核资格。

评分人：　　　　　年　月　日　　　　　核分人：　　　　　年　月　日

第三部分 参考答案

第1章 水化学与微生物学基础

一、单选题

1. B 2. B 3. D 4. C 5. D 6. A 7. B 8. A 9. C 10. B
11. A 12. C 13. D 14. C 15. B 16. D 17. D 18. B 19. A 20. A
21. D 22. D 23. B 24. D 25. C 26. C 27. C 28. B 29. D 30. C
31. A 32. D

二、多选题

1. AD   2. ACD   3. ABD   4. ABE   5. ABC
6. ABDE 7. ABE   8. ABDE 9. ABD   10. ABDE
11. AC   12. AD   13. BCDE 14. BCD   15. ABD
16. BCDE

三、判断题

1. × 2. √ 3. × 4. √ 5. √ 6. √ 7. × 8. √ 9. × 10. ×
11. √ 12. √ 13. × 14. √ 15. √ 16. √

【解析】

1. 表面张力可看作是指引起液体表面收缩的单位长度上的力。
3. 弯曲液面的附加压力与液体表面张力成正比。
7. 氧化还原反应的氧化过程和还原过程必然是同时存在的。
9. 氧化还原反应中两电对的氧化势差别越大，反应进行的越完全。
10. 氧化还原反应中，有的催化剂可加快反应速率，有的催化剂可减慢反应速率。
13. 电极是将溶液浓度变换成电信号的一种传感器。

四、问答题

1. 因为液体内部分子对表面层分子的吸引力远大于液面上蒸气分子对它的吸引力，使表面层的分子恒受到指向液体内部的拉力，因而液体表面的分子总是趋于向液体内部移动，力图缩小表面积，所以小液滴总是呈球形。
2. 原电池是将化学能转变为电能的装置，电解池是将电能转变为化学能的装置。
3. 氧化还原反应的原理是电子由一种原子或离子转移到另一种原子或离子上，失去电子的过程称为氧化，获得电子的过程称为还原。

4. 直接电位法测定水中 pH 通常以玻璃电极为指示电极，饱和甘汞电极为参比电极。当氢离子浓度发生变化时，玻璃电极和甘汞电极之间的电动势也随着变化，在同一温度下，每单位 pH 标度相对于电动势的变化值是常数，在仪器上直接以 pH 的读数表示。

5. 分解代谢与合成代谢两者密不可分。分解代谢为合成代谢提供所需要的能量和原料，而合成代谢又是分解代谢的基础。

6. ①迟缓期：微生物刚刚接种到培养基之上，其代谢系统需要适应新的环境，细胞数目没有增加。②对数增长期：生长速率最快；代谢旺盛；细胞的化学组成形态、理化性质基本一致。③稳定生长期：活细菌数保持相对稳定；总细菌数达到最高水平；细胞代谢产物积累达到最高峰。④衰亡期：细菌死亡速度大于新生成的速度；整个群体出现负增长；细胞开始畸形、死亡，出现自溶现象。

第2章 给水处理基本工艺

一、单选题

1. D　2. B　3. B　4. A　5. B　6. C　7. B　8. B　9. C　10. D
11. C　12. B　13. A　14. B　15. C　16. D　17. A　18. D　19. B　20. C
21. B　22. D　23. C　24. B　25. B　26. A　27. B　28. B　29. C　30. C
31. A　32. A　33. B　34. C　35. B　36. B　37. C　38. D

二、多选题

1. ABCDE　2. ABC　3. ABCD　4. ABC　5. ABC
6. ABC　7. ABCDE　8. ABCDE　9. ACDE　10. AB
11. AC　12. BC　13. ACDE　14. ABC　15. AC
16. AD　17. BC　18. ABCD　19. ABD　20. AD
21. BDE　22. ABE

三、判断题

1. √　2. ×　3. √　4. √　5. √　6. ×　7. √　8. √　9. ×　10. ×
11. √　12. √　13. √　14. ×　15. ×

【解析】

2. 一般来说，水中杂质会影响混凝效果，杂质粒径细小而均一则混凝效果较差。

6. 水中的氯消毒分为游离性氯消毒与化合性氯消毒，游离性氯消毒效果要强于化合性氯消毒，但化合性氯消毒的持续性较好。

9. 紫外线消毒是利用紫外线杀菌作用对水进行消毒处理，目前仅用于食品饮料行业和部分规模极小的小型供水系统。

10. 生物接触氧化法是利用微生物群体的新陈代谢活动初步去除水中有机污染物。

14. 饮用水浑浊度高低，与消毒效果关系较大。因为浑浊度高，则颗粒物较多，其会保护微生物并刺激细菌生长，所以会消耗更多的消毒剂，对消毒有效性影响较大。

15. 水中色度的产生原因可能是不同的，因此不能直接将色度与人类健康联系起来。

四、问答题

1. 现行国家标准《生活饮用水卫生标准》GB 5749 要求生活饮用水水质卫生的一般原则是：不得含有病原微生物；化学物质不得危害人体健康 ；放射性物质不得危害人体健

康；感官性状良好；应经消毒处理。

2. 湖泊水藻类大量繁殖会导致水质富营养化，对水的感官性状和饮用水的安全性两方面产生不利影响。其一，藻类的过量繁殖会导致水体的透明度下降且消耗水中的氧气，使溶解氧降低，产生致臭物质，使水体产生不同程度的臭味、藻腥味；其二，藻类在一定的环境条件下会产生对人体健康有害的毒素（如微囊藻毒素属于致癌物），藻类及其可溶性代谢产物也是消毒副产物的前驱物，这些前驱物可与氯反应生成三氯甲烷等，会导致消毒副产物含量的升高。

3. 常用的微污染水源处理方法有生物接触氧化法、化学氧化法、粉末活性炭吸附法、臭氧-生物活性炭法、膜分离法。

生物接触氧化法：是利用微生物群体的新陈代谢活动初步去除水中的氨氮、有机物等污染物。对于微污染水源水，主要是生物膜法，即利用附着在填料表面上的生物膜，使水中溶解性的污染物被吸附、氧化、分解。

化学氧化法：是向原水中加入氧化剂，利用氧化剂的氧化能力，来分解和破坏水中污染物，从而达到转化和分解污染物、改善混凝沉淀的效果。

粉末活性炭吸附法：是在混合池中投加粉末活性炭，利用其强大的吸附性能，改善混凝沉淀效果来去除水中的污染物。

臭氧-生物活性炭法：是利用臭氧的预氧化和生物活性炭滤池的吸附降解作用达到去除水源水中微量有机物的效果。

膜分离法：是指常以压力为推动力，利用隔膜使水同溶质（或微粒）分离的方法。可去除细小的杂质、溶解态的有机物和无机物，甚至是盐。

4. 给水处理的常规处理工艺流程有：混凝、沉淀、过滤和消毒。

混凝：是向水中投加混凝剂，使水中的胶体颗粒和细小的悬浮物相互凝聚长大，形成具有沉淀性能良好、尺寸较大的絮状颗粒（矾花），使之在后续的沉淀工艺中能够有效地从水中沉淀下来。

沉淀：是在水处理过程中，原水或经过加药混合的水，在沉淀设备中依靠颗粒的重力作用进行泥水分离的过程。

过滤：是水中悬浮颗粒经过具有孔隙的滤料层被截留分离的过程。

消毒：是通过物理或化学方法清除、杀灭和灭活致病微生物。

5. 饮用水浑浊度是由水源水中悬浮颗粒物未经过滤完全或者是配水系统中沉积物重新悬浮造成的。颗粒物会保护微生物并刺激细菌生长，对消毒有效性影响关系较大。浑浊度还是饮用水净化过程中的重要控制指标，反映水处理工艺质量问题。

第 3 章 水质检验基础知识

一、单选题

1. A	2. C	3. C	4. D	5. D	6. A	7. D	8. B	9. C	10. D
11. A	12. D	13. D	14. B	15. D	16. D	17. B	18. C	19. B	20. D
21. D	22. B	23. D	24. D	25. A	26. A	27. D	28. B	29. B	30. C
31. A	32. D	33. A	34. B	35. D	36. A	37. C	38. A	39. B	40. D
41. A	42. A	43. B	44. A	45. A	46. A	47. B	48. B	49. D	50. B
51. A	52. C	53. D	54. D	55. D	56. B	57. A	58. B	59. C	60. C
61. C	62. D	63. B	64. B	65. B	66. B	67. A	68. A	69. A	70. B
71. D	72. A	73. B	74. D	75. B	76. A	77. A	78. C	79. A	80. C
81. A	82. D	83. B	84. A	85. D	86. B	87. D	88. D	89. B	90. A
91. A	92. A	93. A	94. B	95. B	96. A	97. C	98. B	99. A	100. B
101. D	102. B	103. C	104. D	105. A	106. C	107. D	108. D	109. C	110. B
111. B	112. D	113. C	114. A	115. C					

二、多选题

1. ABCDE	2. BD	3. BCE	4. ACDE	5. ABC
6. ABC	7. ABD	8. ACDE	9. ABCD	10. ABCD
11. ABC	12. ABCD	13. ABCD	14. BCDE	15. ABCDE
16. ABCD	17. ABCD	18. ABCD	19. ABE	20. ACDE
21. ABC	22. ABC	23. ABD	24. ABCDE	25. ABC
26. ABCD	27. ABC	28. BCD	29. ABCD	30. ABC
31. ABDE	32. ABCDE	33. ABCD	34. ACDE	35. BDE
36. ACD	37. AD	38. ABDE	39. AC	40. BC
41. ACD	42. BE	43. ABC	44. ABCDE	45. ABC
46. ABD	47. ABCE	48. ABC	49. ABCD	50. ABC
51. ABCDE	52. ABCD	53. BCE	54. ABCDE	55. ABCDE
56. ABC	57. BCDE	58. ABCD	59. CDE	60. ABCD
61. ABCD	62. ABC	63. ABCDE	64. ABCE	65. CDE
66. ABCDE	67. ABD	68. ABCD	69. ABCD	70. AB

三、判断题

1. ×　2. √　3. √　4. √　5. √　6. ×　7. √　8. √　9. √　10. √
11. ×　12. √　13. √　14. √　15. √　16. √　17. √　18. √　19. ×　20. ×
21. ×　22. √　23. ×　24. √　25. √　26. √　27. √　28. √　29. √　30. ×
31. ×　32. ×　33. √　34. √　35. √　36. √　37. √　38. ×　39. √　40. √
41. √　42. √　43. ×　44. √　45. ×

【解析】

1. 称量瓶烘干试样时，应将磨口塞打开。

6. 长期不用的滴定管和分液漏斗应去除凡士林后垫纸保存。

11. 从无菌化程度上来说，灭菌的要求和操作比消毒更严格。

19. 固相萃取与液相色谱原理相似，都是依据待测组分在固定相上的吸附能力不同进行移动和分离。

20. 固相萃取最终会将待测组分洗脱出来并收集。

21. 使用固相萃取仪时，萃取溶剂的选择与萃取小柱的性质有关。

23. 作为气相色谱的一种前处理技术，顶空进样是一种间接分析方式。

30. 蒸馏操作中，通入冷凝管的冷却水应自下向上流动。

31. 蒸馏结束时，应先停止加热，再关闭冷却水。

32. 用有机溶剂提取溶解于水中的化合物，分配系数越小，表示该组分越容易进入水相。

38. 使用校准曲线，应选用曲线的直线部分和最佳测量范围，不可根据需要外延。

43. 采用平行试验方法开展内部质控时，每批样品随机抽取 10%～20% 的样品进行平行双样测定即可；若样品数量少于 10 个，应增加平行样测定比例。

45. 水质分析中，购买有证标准溶液（考核盲样）用于内部质控样时，测定值合格与否通常是依据盲样所附证书标准值的不确定度范围来判定。当测量结果超出所示范围时，不应人为放宽不确定度值，而应先判定测量结果不满意，再具体分析原因所在，必要时采取纠正措施，从而达到质控目的。

四、问答题

1. ①量器类：胖肚吸管、分度（刻度）吸管、滴定管、量筒、量杯、容量瓶等。
②容器类：烧杯、烧瓶、试管、离心管、比色管、试剂瓶等。

2. 普通试剂分为四级，即：① 一级：优级纯（或保证试剂）GR，标签颜色绿色；②二级：分析纯（或分析试剂）AR，标签颜色红色；③三级：化学纯 CP，标签颜色蓝色；④四级：实验试剂 LR，标签颜色棕色或其他色。

3. （1）将 12.3 修约到个位数，答：12；

（2）将 12.6 修约到个位数，答：13；

（3）将 10.501 修约到个位数，答：11；

（4）将 11.551 修约到小数点后一位，答：11.6；

(5) 将 10.500 修约到个位数，答：10。

4. $V_1=C_2V_2/C_1=$ （0.15×500）/0.25/1000＝0.3L

5. ①测量不确定度 A 类评定：对在规定测量条件下测得的量值，用统计分析的方法进行测量不确定度分量的评定。②测量不确定度 B 类评定：用不同于测量不确定度 A 类评定的方法进行测量不确定度分量的评定，评定基于一些信息，如有证标准物质的量值、仪器的检定或校准证书、测量仪器的精确度等级、权威部门发布的量值等。

6. ①无氯水制备：向水中加入亚硫酸钠等还原剂，将自来水中的余氯还原为氯离子，并用附有缓冲球的全玻璃蒸馏器进行蒸馏制取。②无氨水制备：向水中加入硫酸至 pH 小于 2，使水中各形态的氨或胺最终转化为不挥发的盐类，收集蒸馏水；可将蒸馏制得的纯水通过阳离子交换树脂去除氨，得到无氨水。

7. ①一贴 用滴管吸取少量纯水润湿滤纸过滤器。

②二低 滤纸要低于漏斗边缘，否则滤纸因吸水变软会导致变形甚至破损；待滤液应低于滤纸边缘，否则待滤液会直接从滤纸与漏斗之间的空隙流出。

③三靠 盛装待滤液的烧杯杯口紧靠玻璃棒；玻璃棒靠在三层滤纸处；漏斗末端较长处靠在烧杯内壁。

8. ①纯度（质量分数）≥99.9%；②组成应与化学式相符；③性质稳定；一般情况下不易吸湿、升华，不与空气中的氧气、二氧化碳反应，干燥时不分解；④参与反应时，按反应式定量进行，无副反应；⑤有较大的摩尔质量，可减少称量时的相对误差。

9. ①容量瓶使用前应进行校准，校准合格方可使用；

②易溶解且不发热的物质可直接转入容量瓶中溶解，否则应将溶质在烧杯中溶解、冷却至室温后再转移至容量瓶内；

③对于混合后会放热、吸热或发生体积变化的溶液要注意，对于放热或吸热的要加入适量溶剂，恢复至室温再定容至刻度；

④对体积发生变化的要加入适量溶剂，振摇，放置一段时间后再定容至刻度；

⑤用于洗涤玻璃棒、烧杯的溶剂应全部移入容量瓶内，并注意移入后不得超过容量瓶的标线；

⑥容量瓶只能用于配制溶液，不能长时间储存溶液；

⑦容量瓶用毕应及时洗涤干净。

10. 用已灭菌处理且冷却的接种环挑取样品少许，将其涂布于平板上 1/4 区域，再连续划线，划完一个区，转动平皿 90°，将接种环通过火焰灭菌冷却后，再划另一区。每一区域的划线均接触上一区域的接种线 3~5 次，使菌量逐渐减少，以获得单个菌落。

第4章 理化分析

一、单选题

1. D 2. A 3. B 4. D 5. C 6. A 7. D 8. A 9. B 10. A
11. B 12. D 13. B 14. A 15. D 16. B 17. A 18. D 19. A 20. C
21. D 22. B 23. C 24. D 25. C 26. A 27. D 28. B 29. A 30. B
31. C 32. D 33. C 34. A 35. D 36. B 37. C 38. D 39. C 40. A
41. C 42. D 43. B 44. A

二、多选题

1. BCD 2. ACD 3. BCDE 4. CD 5. BC
6. BCDE 7. ACDE 8. ACE 9. ADE 10. ABCDE
11. CD 12. ABCE 13. DE 14. BCD 15. ADE
16. ABDE 17. BCDE 18. ACD 19. ABCDE 20. BE
21. BCDE 22. AD 23. ABCDE 24. BCD 25. ACDE
26. BCE

三、判断题

1. √ 2. √ 3. × 4. √ 5. × 6. × 7. √ 8. √ 9. × 10. √
11. √ 12. × 13. √ 14. × 15. √ 16. √ 17. × 18. ×

【解析】

3. 酸碱指示剂的变色范围并非愈宽愈好，要适合不同的滴定曲线。

5. 配位滴定法中，稳定常数（$K_{稳}$）用于衡量配位化合物稳定性大小。稳定常数越大，表示配位化合物的电离倾向越小，该配位化合物越稳定。

6. 配位滴定法中，一种金属离子与配位剂反应，可生成多种配位离子，且反应常常是分步进行的。

9. 配位滴定中，金属指示剂要有足够的稳定性，且要比该金属离子生成的配位化合物的稳定性小。

12. 重量分析法适用于常量分析。

14. 温度对某些显色反应具有决定性作用。

15. 拿取比色皿时，不可用手指直接接触光学透光面。

17. 不得在火焰或电炉上对比色皿进行加热、烘烤。

18. 分光光度计常用的检测器产生的电信号必须与透过光的强度成正比。

四、问答题

1. 滴定分析法（又称容量分析法，）是将一种已知准确浓度的试液（滴定剂），通过滴定管滴加到被测物质的溶液中，直到物质间的反应达到化学计量点时，根据所用试液的浓度和消耗的体积，计算被测物质含量的方法。

2. 由滴定终点与化学计量点在实际操作中不完全一致造成的分析误差称为终点误差或滴定误差。产生滴定误差的原因，一方面是溶液滴定的操作过程中不能控制液滴到很小的程度，因此滴定不可能正好在化学计量点结束；另一方面是所采用的指示剂不可能恰好在化学计量点改变颜色。

3. 酸碱指示剂一般是有机弱酸或有机弱碱，在溶液中部分离解，离解出来的酸式和碱式具有不同的颜色。当溶液的pH发生一定变化时，指示剂的结构发生了变化，从而引起颜色的改变。所以酸碱指示剂可指示溶液的pH。

4. 沉淀滴定法是基于沉淀反应的滴定分析方法，是两种物质在溶液中反应生成溶解度很小的难溶电解质，以沉淀的形式析出。

5. 配位滴定法是利用配位反应进行的一种滴定分析方法，配位反应是指金属离子与配位剂作用，生成难电离可溶性配位化合物的反应。

6. 水中耗氧量测定的方法原理：高锰酸钾在酸性溶液中有很强的氧化性，在一定条件下将水中还原性物质氧化，高锰酸钾还原为锰离子，过量的高锰酸钾用草酸钠标准溶液测定。

反应方程式为：$2MnO_4^- + 5C_2O_4^{2-} + 16H^+ \rightleftharpoons 2Mn^{2+} + 10CO_2\uparrow + 8H_2O$

7. 碘量法分为直接法和间接法两种。

① 直接法是利用碘（I_2）的氧化作用直接滴定的方法。

② 间接法是在溶液中加入过量碘化物（通常是KI），利用氧化剂氧化碘化物，生成游离碘，用标准溶液（通常为$Na_2S_2O_3$）滴定析出的碘，测出氧化剂的量。

8. 重量分析法可以分为沉淀法和气化法。

沉淀法是重量分析中最常用的方法。其原理是利用沉淀反应使待测组分生成微溶化合物沉淀出来，经过滤、洗涤、烘干或灼烧后称其质量，计算待测组分的含量。

9. 朗伯-比尔定律描述了一定波长的入射光通过某一均匀有色溶液时，被吸收的程度与溶液里有色物质的浓度及有色溶液的液层厚度成正比。数学式为$A=kbc$，其中A为吸光度，即光线通过溶液时被吸收的程度；c为有色溶液的浓度；b为液层厚度；k为摩尔吸光系数，与溶液的性质及入射光的波长有关。

10. 原理：在pH小于2的酸性溶液中，水中余氯与3，3′，5，5′-四甲基联苯胺反应生成黄色的醌式化合物，用目视比色法定量。

测量步骤：①于50mL具塞比色管中，先加2~3滴盐酸溶液（1+4）；

②加入澄清水样至50mL刻度混匀；

③加入2.5mL 3，3′，5，5′-四甲基联苯胺溶液（0.3g/L），混合后立即比色，所得结果为游离余氯；

④放置10min比色，所得结果为总余氯；

⑤总余氯减去游离余氯即为化合余氯。

11. 分光光度计一般由光源、分光系统、样品吸收池、检测器、信号处理及输出系统五部分组成。

光源：提供入射光。

分光系统：将来自光源复合光按波长顺序色散，从中分离出所需波长的单色光。

样品吸收池：盛放待测溶液并决定透光液层的厚度。

检测器：对透过样品吸收池的光作出响应，并转变为电信号输出。

信号处理及输出系统：将检测器产生的电信号以透光率、吸光度等形式显示出来。

12. 日常水质分析中可使用电化学分析法进行检测的参数包括：水中pH的测定、水中溶解氧的测定、水中电导率的测定、水中氯离子含量的测定。

①水中pH测定的测量原理：以玻璃电极为指示电极、饱和甘汞电极为参比电极，插入溶液中组成原电池，当氢离子浓度发生变化时，玻璃电极和甘汞电极之间的电动势也会随之变化。在同一温度下，每单位pH标度相对于电动势的变化值是常数，在仪器上直接以pH的读数表示。

②水中溶解氧测定的测量原理：氧敏感薄膜电极由两个与支持电解质相接触的金属电极及选择性薄膜组成，薄膜只能透过氧和其他气体，水和可溶解物质不能透过。透过膜的氧气在电极上还原，产生微弱的扩散电流，在一定温度下其大小和水样溶解氧含量成正比。

③水中电导率测定的测量原理：水中可溶性盐类大多数以水合离子存在，离子在外加电场的作用下具有导电作用，其导电能力的强弱可以用电导率来表示。当两个电极插入溶液中，构成电导池，将电源接到两个电极上，可以测出两个电极间电解质溶液的电阻。根据欧姆定律，当温度、压力等条件恒定时，电阻与两电极的距离成正比，与电极的截面积成正比。

④水中氯离子含量测定的测量原理：将指示电极银电极和参比电极浸入被测溶液中，在滴定氯离子过程中，参比电极的电位保持恒定，指示电极的电位不断变化。在化学计量点前后，溶液中氯离子浓度的微小变化引起指示电极电位的急剧变化，指示电极电位的突跃点即滴定终点。

第5章 仪器分析

一、单选题

1. C 2. D 3. A 4. B 5. D 6. A 7. D 8. A 9. B 10. D
11. D 12. B 13. A 14. C 15. A 16. A 17. C 18. B 19. D 20. B
21. C 22. D 23. A 24. B 25. A 26. A 27. B 28. D 29. A 30. C
31. D 32. B 33. D 34. A 35. A 36. B 37. A 38. B 39. C 40. D
41. B 42. C 43. A 44. D 45. D 46. C 47. D 48. A 49. A 50. B
51. B 52. A 53. D 54. B 55. A 56. C 57. D 58. B 59. C 60. A
61. D 62. D 63. A 64. C 65. C 66. A 67. A 68. C 69. B 70. C
71. D 72. C 73. A 74. B 75. D 76. A 77. C 78. B 79. B 80. D
81. A 82. C 83. B 84. B 85. C 86. C 87. C 88. D 89. D 90. A
91. C 92. B 93. C 94. A 95. D 96. A 97. C 98. B 99. B 100. B

二、多选题

1. DE 2. ABDE 3. AC 4. ABCD 5. AC
6. ACDE 7. ABC 8. CD 9. ACDE 10. ABCDE
11. BDE 12. AC 13. ABD 14. BC 15. ABCE
16. ACD 17. ACD 18. ABD 19. CDE 20. ABC
21. AB 22. BE 23. ACD 24. ABCDE 25. ABCDE
26. ACDE 27. CE 28. ABC 29. ABCDE 30. ABD
31. ABCDE 32. ABDE 33. ABCDE 34. ABCDE 35. BCDE
36. ACDE 37. BCD 38. ABC 39. ADE 40. ACE
41. ACDE 42. ABCD 43. ABCE 44. BCD 45. AD
46. BCDE 47. ABCD 48. ABCDE 49. CDE 50. ABCDE
51. AC 52. ABCDE 53. ACE 54. AB 55. AD
56. ACDE 57. ABCDE 58. ACD 59. ABC 60. ABCDE

三、判断题

1. √ 2. × 3. √ 4. × 5. √ 6. √ 7. √ 8. × 9. × 10. ×
11. √ 12. × 13. √ 14. × 15. × 16. × 17. √ 18. √ 19. × 20. √

| 21. × | 22. × | 23. √ | 24. √ | 25. × | 26. × | 27. √ | 28. × | 29. × | 30. √ |
| 31. × | 32. √ | 33. √ | 34. × | 35. √ | 36. × | 37. √ | 38. × | 39. √ | 40. √ |

【解析】

2. 根据红外光谱法的特性，红外光谱仪既可用于结构分析，也可用于定量分析。

4. 原子吸收分光光度法的应用广泛，利用联用技术，可进行元素的形态分析和同位素分析。

8. 原子吸收光谱仪的自吸收背景校正是利用空心阴极灯在大电流时出现自吸收现象，发射的光谱线变宽，以此测量背景吸收。

9. 原子荧光光谱法是通过待测元素的原子蒸气在辐射能激发下产生的原子荧光强度来确定待测元素含量的方法。

10. 原子荧光光谱法遵循朗伯-比尔定律，在一定浓度范围内，原子荧光强度与被测元素的含量成正比。

12. 气相色谱经过化学衍生后，可对热不稳定的化合物进行分析，如丙烯酰胺。

14. 对气相色谱的柱温箱温度进行设置时，在保证组分分离的前提下，可提高色谱柱使用温度，但不能超过色谱柱固定相最高温度。

15. 气相色谱仪的新色谱柱需要老化后才能使用。在老化时，需要一端通入载气保护色谱柱，另一端放空。

16. 在液相色谱中，底剂指流动相中决定色谱分离情况的溶剂。使用反相色谱柱时，常用甲醇、乙腈等作为洗脱剂。

19. 离子色谱法的选择性较好，对前处理要求较为简单，通常稀释和过滤后可进行检测。

21. 气相色谱-质谱法使用谱库检索时，通过跟谱库中的标准谱图比较，匹配率最高的并不一定是最终确定的分析结果，需根据各方面已知条件和因素结合匹配结果综合分析。

22. 适用于气相色谱仪的色谱柱，一般不适用于气相色谱-质谱联用仪，气相色谱-质谱仪最好应选用质谱专用柱，以保证低流失和较高的分离效率。

25. 液相色谱-质谱联用仪中，质量分析器是一个"核心"，确保仪器的高灵敏性、高准确性等。

26. 在关机状态下，可对液相色谱质谱联用仪的毛细管、四级杆和检测器等进行清洗维护。

28. ICP-MS中雾室的作用是使保证那些小至足以悬浮在气流中的雾粒被载气带入等离子体，较大的雾粒撞击雾室壁，最后成为废液。

29. ICP-MS常使用氩气作为工作气体，是因为氩的第一电离电位高于大多数元素的第一电离电位，低于大多数元素的第二电离电位，几乎不会形成二次电子电离。

31. ICP-MS使用的截取锥锥孔小于采样锥，安装于采样锥后。

34. 水中不稳定核素会通过放射性衰变自发地从核内释放出α、β、γ粒子以及其他射线，从而衰变成为另外一种元素。

36. 连续流动分析仪工作时，泵管中有气泡。

38. 水质在线监测仪选择方法时应优先考虑方法的可靠性和稳定性，再考虑方法的先进性和成本。

四、问答题

1. 光谱法根据与电磁辐射作用的物质存在形式，分为原子光谱法和分子光谱法；根据物质与电磁辐射相互作用的机理，分为发射光谱、吸收光谱和拉曼光谱。

2. 总有机碳指水体中溶解性和悬浮性有机物含碳总量。它以碳的含量表示水体中有机物质的总量，是评价水体被有机物质污染程度的重要指标。

3. 气相色谱仪常用的检测器有：氢火焰离子化检测器、电子捕获检测器、火焰光度检测器、氮磷检测器等（举例三个即可）。

氢火焰离子化检测器：分析含碳有机化合物。

电子捕获检测器：分析含卤素、硫、氰基、硝基、共轭双键有机物、过氧化物、醌类金属有机物等高灵敏度物质。

火焰光度检测器：分析含磷或含硫化合物。

氮磷检测器：分析含氮或含磷有机物。

4. 色谱法分离原理：利用混合物中各组分在两相中分配系数的不同，分配系数大，组分在固定相上吸附性强，移动速度慢；分配系数小，组分在固定相中吸附能力弱，移动速度快。通过这种差速移行进行分离。

5. 离子色谱法是一种分析阴离子和阳离子的液相色谱方法。水中待测离子随淋洗液进入阴、阳离子交换柱系统，淋洗液将样品中的阴、阳离子从分离柱中洗脱下来进入检测器进行分析。

6. 在原子吸收分光光度法中，无火焰原子化器的测量步骤可分为干燥、灰化、原子化、净化四个阶段。

干燥作用：防止样品在灰化或原子化过程中的突然沸腾或渗入石墨炉壁的试液激烈蒸发飞溅。

灰化作用：除去共存有机物或低沸点无机物的干扰；减小气相化学干扰和背景吸收干扰；保证没有待分析物质损失。

原子化作用：控制温度确保所有试样都被原子化，保证较高灵敏度。

净化作用：净化石墨炉腔。

7. 气相色谱法指流动相为气体的色谱法。气相色谱仪由气路系统、进样系统、分离系统、温度控制系统、检测系统、数据记录和处理系统等组成。

8. 气相色谱-质谱联用仪的真空系统包含离子源、质量分析器、检测器三部分。

离子源作用是接受样品并使样品离子化。

质量分析器作用是将离子源产生的离子按质荷比大小分离。

检测器作用是将来自质量分析器的离子束转变成电信号，并将信号放大。

9. 液相色谱和气相色谱之间的区别主要是流动相和操作条件。

流动相：液相色谱流动相为液体，分离主要取决于组分、流动相、固定相三者相互作用；气相色谱流动相为气体，分离取决于组分和固定相间作用力。

操作条件：液相色谱可在室温下分析，适用范围相较气相色谱更广。

10. ①对在线监测仪进行定期核查；②做好水质在线数据的审核；③做好日常维护；④对在线仪表定期校验；⑤做好相应记录。（五个要点，选择三个扩展讲，其他语句自由发挥。）

第6章 微生物检验

一、单选题

1. C 2. D 3. D 4. B 5. A 6. B 7. A 8. B 9. A 10. D
11. A 12. D 13. D 14. C 15. C 16. D 17. C 18. D 19. B 20. C
21. A 22. A 23. C 24. C 25. B 26. A 27. C 28. A 29. C 30. C
31. B 32. A 33. C 34. B 35. D 36. A 37. B 38. C 39. C 40. A
41. B 42. D 43. A 44. A 45. C 46. C

二、多选题

1. ABDE   2. ABCDE   3. ABCE   4. ABCDE   5. ABCDE
6. ABC   7. ABC   8. CDE   9. ABCD   10. ABCDE
11. ABC   12. AC   13. ACE   14. ABCD   15. BDE
16. ABC   17. ABCDE 18. ABCD 19. BCD   20. BCD
21. BCE   22. ABCE

三、判断题

1. × 2. √ 3. √ 4. √ 5. × 6. × 7. √ 8. √ 9. √ 10. ×
11. √ 12. √ 13. × 14. × 15. √ 16. × 17. × 18. √ 19. × 20. √
21. √ 22. ×

【解析】

1. 低温冷藏保存柜中形成的冰霜需定期处理。

5. 微生物样品采样容器的选取原则应遵循容器无菌、不含抑菌成分。

6. 显微镜光学系统中的目镜是把物镜造成的像再次放大，不增加分辨率。

9. 使用光学显微镜检查染色标本时，光线应强；检查未染色标本时，光线不宜太强。

10. 使用光学显微镜观察样品对焦时，应遵循先使用粗准焦螺旋，后使细准焦螺旋的原则，防止镜头与载玻片接触甚至挤压。

13. 总大肠菌群多管发酵法在配制乳糖蛋白胨培养基时，应分别配制单料和双料乳糖蛋白胨培养基。

14. 总大肠菌群滤膜法操作中使用的 0.45μm 滤膜需反复沸水浴3次，每次15min。

16. 总大肠菌群酶底物法检测饮用水用51孔定量盘、检测地表水用97孔定量盘。

17. 使用多管发酵法检测耐热大肠菌群时，选取 10 管法或 15 管法，在判读结果时，应使用不同的 MPN 检索表。

19. 使用多管发酵法检测大肠埃希氏菌时，是将水样在总大肠菌群中初发酵后，接种至 EC-MUG 管进行进一步培养检测。

22. "两虫"离心富集过程中不可在低速时进行刹车操作，刹车操作会影响离心效果。

四、问答题

1. ①清洁：用洗涤剂和自来水洗涤，并用 10%盐酸溶液浸泡过夜，最后用自来水和蒸馏水洗净；②灭菌：对洗净的玻璃瓶进行干热灭菌（160℃下维持 2h）或湿热灭菌（121℃下维持 15min 后转入 60℃烘箱烘干冷凝水），灭菌后应立即放入消毒柜（两周内使用完，否则应重新灭菌）。

2. ①选择直接连接供水管网的水龙头（拆除附件，例如过滤网等）；②采样前：应对水龙头进行消毒：塑料水龙头采用含氯消毒剂对其内外消毒；金属水龙头建议用酒精棉擦拭龙头内外壁，然后点燃酒精棉灼烧水龙头 1min 左右；③采样时：打开水龙头开至最大，自然流淌 2~3min，将水龙头开至不会飞溅的状态，迅速打开样品瓶进行采样。

3. ①采样日期；②采样人；③样品类别；④采样地点；⑤采样量；⑥采样依据；⑦气象特征等。

4. 实验室应合理布局，洁净区面积应满足每人 2~4m^2；设置清洁区、半污染区和污染区；人流与物流分别设置专用通道；人员和物料分别进入洁净区域；人流路线应避免往复交叉；物流路线应防止物料在传递过程中被污染。

5. ①光学显微镜；②高压蒸汽灭菌器；③干热灭菌箱（柜）；④紫外辐射照度计；⑤生物安全柜；⑥超净工作台；⑦冷藏设备；⑧菌落自动计数器等。

6. 生物指示剂法：利用内含嗜热脂肪芽孢杆菌芽孢的增菌液作为指示剂，通过将已灭菌的指示剂和未灭菌的指示剂同条件培养，对比结果来判断灭菌效果。

7. ①菌落数在 100 以内时按实有数报告；②菌落数>100 时，采用两位有效数字，在两位有效数字后面的数值，以四舍五入方法计算，为了缩短数字后面的零数也可用 10 的指数来表示。

8. ①多管发酵法优点：对设备要求较低，基本所有实验室都可以满足条件；缺点：涉及多种培养基，操作较繁琐，试验周期长，需要两步接种。需要对产酸产气的发酵管进行分离培养、观察菌落、革兰氏染色镜检和证实试验等。它求取的是单位体积中的 MPN，比求取单位体积中的 CFU 的定量效果差。②滤膜法优点：比多管发酵法检测操作便捷。求取的是单位体积中的 CFU，能更准确地反映水样中细菌的数量；缺点：需要有对水样进行过滤的抽滤设备，设备与滤膜的灭菌处理较繁琐。检测总大肠菌群和耐热大肠菌群，当相应的培养皿上有细菌生长时，需进行革兰氏染色镜检和证实试验等。③酶底物法优点：操作简单，试验周期短，可在 24h 左右得到试验结果，可以进行定性检测，也可以进行定量检测；缺点：检测成本较高。

9. 定性结果判读时，水样变黄色同时有蓝色荧光判断为大肠埃希氏菌阳性，水样未变黄色而有荧光产生不判定为大肠埃希氏菌阳性。定量结果查 MPN 表，原水参照 97 孔表、饮用水参照 51 孔表。

10.①纸片上出现红斑或红晕,且周围变黄,为阳性;②纸片全部变黄,无红斑红晕,为阳性;③纸片部分变黄,无红斑红晕,为阴性;④纸片的紫色背景上出现红斑或红晕,而周围不变黄,为阴性;⑤纸片无变化,为阴性。

第 7 章　水处理剂及涉水产品分析试验

一、单选题

1. D　2. C　3. C　4. B　5. C　6. D　7. D　8. A　9. A　10. D
11. A　12. A　13. A　14. A　15. D　16. A　17. A　18. B　19. C　20. A
21. C　22. A　23. A　24. B　25. A　26. C　27. A　28. D　29. D　30. B
31. B　32. B　33. A　34. C　35. B　36. C　37. D　38. C　39. B　40. B
41. A　42. C　43. B　44. B　45. C　46. D　47. A　48. D　49. A　50. A
51. A　52. B　53. C　54. C　55. A　56. C　57. B　58. A　59. D　60. D
61. B　62. B

二、多选题

1. ABCDE　2. ABCD　3. ADE　4. ABCD　5. BCDE
6. ABCD　7. ABCD　8. ABC　9. ACE　10. AB
11. AB　12. AE　13. ABCDE　14. BC　15. ABCD
16. ABCE　17. BDE　18. ABCDE　19. ABDE

三、判断题

1. √　2. ×　3. √　4. ×　5. ×　6. √　7. √　8. √　9. √　10. √
11. √　12. √　13. ×　14. ×　15. ×　16. √　17. ×　18. √　19. √　20. √
21. ×　22. √　23. ×

【解析】

2. 硫酸铝是一种无机絮凝剂，不是高分子絮凝剂。

4. 测定硫酸铝的pH，应将试样用不含二氧化碳的水溶解、稀释、定容后，再用酸度计进行测定。

5. 测定生石灰中有效氧化钙含量，应将生石灰样品倒入水中进行消化。否则生石灰易结块，难以溶于蔗糖溶液中。

13. 加矾量试验中，应按生产实况确定搅拌机工作条件，模拟生产，不可照搬其他工艺或长期固定不变。

14. 测定次氯酸钠中的有效氯含量使用的是间接碘量法。

15. 需氯量试验的结果对指导生产中消毒剂的投加量有一定参考价值。

17. 需氯量试验所需玻璃器皿应用含余氯的水进行浸泡，并在使用前用无氯的水冲洗。

21. 滤料筛分试验所用的是一组按筛孔由大到小的顺序从上到下套在一起,底盘放在最下部的试验筛。

23. 活性炭中水分的测定,是将一定质量的活性炭试样烘干,以失去水分的质量占原试样质量的百分数来表示水分的质量分数。

四、问答题

1. 聚氯化铝是一种阳离子型无机高分子絮凝剂,易溶于水,有较强的架桥吸附性,在水解过程中伴随电化学、凝聚、吸附和沉淀等物理化学变化,从而达到降低浊度的目的。

2. 在净水处理中,投加混凝剂是不可缺少的工艺环节,为获得合理的投加量,需对原水进行加矾量试验,以判断混凝工艺所处的工作状态,从而为水厂生产服务,指导经济、合理地投加混凝剂。另一方面,可以通过加矾量试验结果判断和评估混凝剂本身的产品性能。

3. $GT = G_1 \times T_1 + G_2 \times T_2 + G_3 \times T_3 + G_4 \times T_4 = 600 \times 30 + 180 \times 90 + 35 \times 240 + 20 \times 360 = 49800$

$GT = 49800$ 满足加矾量试验要求 GT 值在 $1 \times 10^4 \sim 1 \times 10^5$ 范围内的要求。

4. 在酸性介质中,高锰酸钾与草酸钠发生氧化-还原反应,终点后微过量的高锰酸钾使溶液呈粉红色,从而确定高锰酸钾的含量。

5. 氯水的浓度 $= V \times C \times 35.46/50 = 5.70 \times 0.0500 \times 35.46/50 = 0.202 g/L$

6. 称取 100g 干燥的样品,置于一组试验筛最上的一只筛上,底盘放在最下部。盖上顶盖,在行程 140mm、频率 150 次/min 的振荡机上振荡 20min,以每分钟内通过筛的样品质量小于样品的总质量的 0.1% 作为筛分终点。称出每只筛上截留的滤料质量,以筛的孔径为横坐标,以通过该筛孔样品的百分数为纵坐标绘制筛分曲线。查筛分曲线表,找出通过滤料重量 10% 的筛孔孔径,即为石英砂滤料的有效粒径。

第8章 安全生产知识及职业健康

一、单选题

1. D 2. A 3. A 4. C 5. B 6. B 7. B 8. D 9. A 10. C
11. C 12. D 13. A 14. A 15. C 16. C 17. B 18. A 19. C 20. D
21. B 22. D 23. B 24. A 25. B 26. A 27. D 28. D 29. D 30. D
31. A 32. C 33. C 34. B 35. D 36. A 37. D 38. D 39. C 40. A
41. D 42. B 43. D 44. D

二、多选题

1. ACD 2. ACDE 3. ABCD 4. ACE 5. ABDE
6. ABC 7. ABCDE 8. BCDE 9. ABC 10. ABCD
11. ABDE 12. ABCDE 13. ABC 14. ABDE 15. ACDE
16. ABCE 17. ACDE 18. AB 19. ABCDE 20. ACDE
21. ABCDE 22. DE 23. ABCDE 24. ABD 25. ABCD
26. ABCDE

三、判断题

1. √ 2. √ 3. √ 4. √ 5. × 6. √ 7. √ 8. × 9. √ 10. ×
11. × 12. × 13. × 14. √ 15. × 16. √ 17. ×

【解析】

5. 过滤式呼吸装备是根据过滤吸收的原理，利用过滤材料滤除空气中的有毒、有害物质。

8. 乙炔钢瓶必须安装回火防止器，若发生乙炔气体泄露或燃烧事故，应立即关闭气路阀门后再进行灭火。

10. 高压灭菌器操作过程中，加热或冷却都应缓慢进行，尽量避免操作中压力的频繁和大幅度波动。

11. 实验室使用的快开门式高压灭菌器不属于简单压力容器，应由专人操作，并持证上岗。

12. 液化气体钢瓶在正常环境温度下，液化气体始终处于气液两相共存状态，其气相的压力是相应温度下该气体的饱和蒸气压。

13. 黄沙不可用来扑灭因爆炸而引发的火灾，以防止沙子因爆炸进射出来，造成人员伤害。

15. 排放到环境中的废弃物会将有害物质释放到空气、水以及土壤中，经过植物、动物的吸收、吸附及代谢，最终通过饮食将有害物质富集到人体内，从而造成人身伤害。

17. 对实验操作过程中产生的固体废弃物，如破损的玻璃器皿、一次性手套以及空试剂瓶等，不得随意丢弃，应分类收集妥善处理。

四、问答题

1. 危险废物是指列入国家危险废物名录或者根据危险废物鉴别标准和技术规范认定的，具有腐蚀性、毒性、易燃性、反应性或者感染性等一种或者几种危险特性的废弃物。

2. 冲洗时，眼睛置于洗眼器水龙头上方，水向上冲洗眼睛，时间应不少于15min，切不可因为疼痛而紧闭眼睛。处理后再送眼科医院治疗。

3. 原因分析：该款冰箱不是防爆冰箱，而存放在冰箱内的乙醚和丙酮等易燃易挥发试剂从瓶中泄漏，导致冰箱内空气中含有较高浓度的乙醚和丙酮气体，并达到爆炸极限，当冰箱继电器转换工作时，产生电火花引起爆燃。

改进措施：存放该类化学品时必须使用防爆冰箱。

4. 原因分析：该事故当事人在实验操作前未充分了解实验原理，明确实验风险，现场也没有采取相应的安全防护措施，从而因操作不当造成该起爆炸事故。

改进措施：在使用化学试剂的实验操作过程中，实验人员必须充分了解实验原理和所用化学试剂性质，配备齐全的个人安全防护装备，并在适当的操作环境中（如通风橱）进行实验。

化学检验员（供水）（五级 初级工）

理论知识试卷参考答案

一、单选题（共 80 题，每题 1 分）

1. A	2. B	3. A	4. C	5. D	6. B	7. D	8. B	9. C	10. A
11. B	12. C	13. D	14. A	15. B	16. C	17. A	18. D	19. B	20. B
21. A	22. B	23. D	24. C	25. D	26. A	27. D	28. B	29. D	30. C
31. B	32. D	33. A	34. B	35. D	36. C	37. B	38. C	39. D	40. A
41. B	42. D	43. A	44. D	45. A	46. D	47. C	48. A	49. A	50. D
51. C	52. B	53. B	54. A	55. C	56. D	57. C	58. A	59. D	60. C
61. D	62. A	63. C	64. B	65. A	66. D	67. A	68. D	69. C	70. B
71. D	72. C	73. A	74. B	75. C	76. A	77. D	78. C	79. B	80. A

二、判断题（共 20 题，每题 1 分）

1. √	2. √	3. ×	4. √	5. √	6. ×	7. √	8. ×	9. √	10. ×
11. √	12. ×	13. √	14. ×	15. √	16. ×	17. √	18. ×	19. √	20. √

【解析】

3. 生活饮用水是指供人生活的饮水和生活用水。

6. 用于检测 pH 项目的水样应冷藏保存。

8. 《城市供水水质标准》CJ/T 206—2005 规定城市供水水质应符合：水中不得含有致病微生物；水中所含化学物质和放射性物质不能危害人体健康；水的感官性状良好。

10. 恒温培养箱使用过程中需要对温度进行监控并记录。

12. 配位滴定法中，不稳定常数 $K_{不稳}$ 用于衡量配位化合物稳定性大小。不稳定常数越大，表示配位化合物的电离倾向越大，该配位化合物越不稳定。

14. 水质检测实验室使用酶底物法进行检验时，无须在无菌环境中操作。

16. 滤料筛分试验所用的是一组按筛孔由大到小的顺序从上到下套在一起，底盘放在最下部的试验筛。

18. 仪器设备安装、调试、验收合格，并经过检定或校准确认合格后，方可投入检测使用。

化学检验员（供水）（四级 中级工）

理论知识试卷参考答案

一、单选题（共80题，每题1分）

1. C	2. D	3. B	4. B	5. C	6. A	7. B	8. C	9. D	10. B
11. A	12. D	13. C	14. C	15. D	16. B	17. C	18. A	19. A	20. B
21. C	22. C	23. B	24. A	25. B	26. C	27. C	28. A	29. A	30. B
31. B	32. B	33. A	34. C	35. C	36. A	37. B	38. C	39. C	40. B
41. D	42. B	43. D	44. A	45. B	46. D	47. B	48. C	49. A	50. D
51. B	52. D	53. C	54. B	55. C	56. B	57. A	58. D	59. B	60. A
61. C	62. D	63. B	64. B	65. A	66. B	67. C	68. C	69. A	70. C
71. B	72. D	73. C	74. D	75. B	76. A	77. B	78. D	79. A	80. D

二、判断题（共20题，每题1分）

1. ×	2. √	3. ×	4. ×	5. ×	6. ×	7. √	8. √	9. √	10. √
11. ×	12. ×	13. √	14. √	15. ×	16. √	17. √	18. √	19. √	20. √

【解析】

1. 弯曲液面的附加压力与液体表面张力成正比，与曲率半径成反比。

3. 臭氧-生物活性炭技术应避免与预氯化处理一起使用，否则会影响微生物在活性炭上的生长。

4. 样品如需在规定的环境条件下进行储存，则应对其储存环境进行记录和监控。

5. 不可长期使用，储存时间较长的纳氏试剂应进行测试验收。

6. 《水处理剂 聚合硫酸铁》GB/T 14591—2016适用于生活饮用水、工业用水、污水及污泥用聚合硫酸铁。

11. 间接标定的系统误差比直接标定大。

12. 不得在火焰或电炉上对比色皿进行加热、烘烤。

15. 革兰氏阳性菌呈紫色，革兰氏阴性菌呈红色。

化学检验员（供水）（三级 高级工）

理论知识试卷参考答案

一、单选题（共60题，每题1分）

1. D	2. C	3. A	4. B	5. C	6. B	7. D	8. C	9. A	10. D
11. A	12. B	13. A	14. C	15. A	16. D	17. B	18. C	19. D	20. B
21. B	22. C	23. A	24. C	25. D	26. D	27. B	28. A	29. C	30. B
31. A	32. D	33. B	34. A	35. C	36. B	37. A	38. C	39. A	40. D
41. C	42. D	43. B	44. C	45. D	46. C	47. D	48. B	49. C	50. D
51. B	52. A	53. D	54. C	55. B	56. A	57. C	58. B	59. D	60. C

二、判断题（共20题，每题1分）

1. ×	2. √	3. ×	4. ×	5. √	6. √	7. √	8. ×	9. √	10. √
11. ×	12. √	13. ×	14. √	15. √	16. √	17. √	18. √	19. ×	20. √

【解析】

1. 运输空白以纯水作样品，从实验室到采样现场又返回实验室。
3. 气相色谱法可对热不稳定的化合物通过化学衍生后进行分析，如丙烯酰胺。
4. 原子吸收分光光度法的应用广泛，通过联用可进行元素的形态分析和同位素分析。
8. 低本底α、β放射性测量仪是一种适宜弱放射性测量的精密仪器。
9. 总有机碳（TOC）测定时采用的湿法氧化法适于分析低浓度TOC水样。
11. 作为气相色谱的一种前处理技术，顶空进样是一种间接分析方式。
13. 低速刹车会破坏离心效果。
15. 检测报告不仅能以纸质报告形式出具，还可以以电子方式出具。
19. 实验室需要对检测数据及时进行记录，对人员培训和考核等情况也须记录。

三、多选题（共10题，每题2分。每题的备选项中有两个或两个以上符合题意。错选或多选不得分，漏选得1分）

1. ABCDE	2. AD	3. ABCE	4. BCD	5. ABCD
6. ABCDE	7. BC	8. ACD	9. BD	10. ABCDE